Mathematische Theorie der Aerodynamik des Skifluges

SCHRIFTENREIHE
DER INSTITUTE FÜR MATHEMATIK
BEI DER DEUTSCHEN AKADEMIE DER WISSENSCHAFTEN
ZU BERLIN

Herausgeber: Heinrich Grell, Josef Naas, Hans Reichardt, Willi Rinow,
Kurt Schröder, Karl Schröter, Hans-Jürgen Treder

REIHE B
ANGEWANDTE MATHEMATIK UND MECHANIK
HEFT 11

MATHEMATISCHE THEORIE DER AERODYNAMIK DES SKIFLUGES

VON

JOHANNES THOMAS

AKADEMIE-VERLAG · BERLIN
1971

JOHANNES THOMAS

MATHEMATISCHE THEORIE DER AERODYNAMIK DES SKIFLUGES

Mit 9 Abbildungen

AKADEMIE-VERLAG · BERLIN
1971

Institut für Angewandte Mathematik und Mechanik, 108 Berlin, Mohrenstraße 39
Erschienen im Akademie-Verlag GmbH, 108 Berlin, Leipziger Straße 3—4

Lizenznummer: 202 · 100/400/71
Gesamtherstellung: VEB Druckerei „Thomas Müntzer", 582 Bad Langensalza
Bestellnummer: 761 442 1(2069/B/11) · ES 19 B 4
Printed in German Democratic Republic

Johannes Thomas, der am 7. 8. 1970 unerwartet verstorben ist, hat ein druckfertiges Manuskript zu der vorliegenden Arbeit über den Skiflug hinterlassen. Er hat damit zur theoretischen Durchdringung der modernen Sportwissenschaft einen wertvollen Beitrag gegeben.
Ich bin sicher, daß das Heft weitere Arbeiten auf diesem aktuellen Gebiet anregen wird.
Die abschließende redaktionelle Bearbeitung besorgte Günter Steinhoff, dem hierfür gedankt sei.

K. Schröder

INHALTSVERZEICHNIS

0. Einleitung

Der Sprung, den ein Skispringer auf einer Sprungschanze (Abb. 1) durchführt, besteht aus der Phase des Anlaufes zum Schanzentisch hin, der Phase des Fluges vom Schanzentisch weg durch die Luft und nach erfolgtem Aufsprung der Phase des Überganges zum Auslauf. Um dem Schanzentisch und der Sprungschanze Abmessungen zu geben, welche den Springer zu optimalen Leistungen befähigen, ist es nötig, jede der drei genannten Phasen des Skisprunges mathematisch zu analysieren.

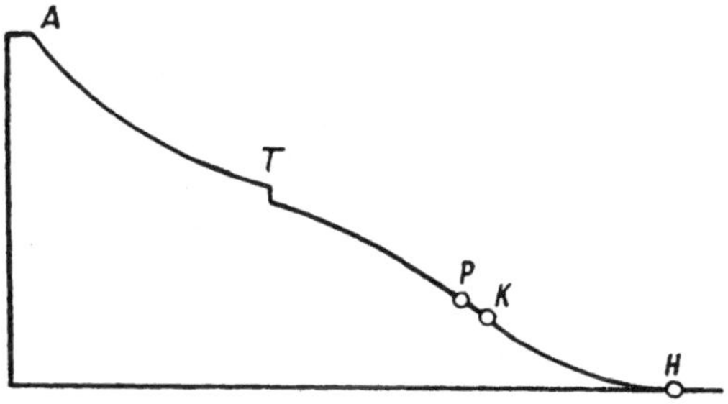

Abb. 1. Profil einer Sprungschanze

A: Start,
T: Schanzentisch,
P: Kritischer Punkt, d. h. Endpunkt des Vorbaues (nach oben konvexen Teiles),
K: Anfang des Übergangsbogens (nach oben konkaven Teiles),
H: Ende des Übergangsbogens und Anfang der (horizontalen oder auch bergauf führenden) Auslaufbahn,
AT: Anlaufstrecke,
PK: (Krümmungsfreie) Beruhigungsstrecke

In diesem Buch ist ausschließlich von der mittleren Phase des Skisprunges, dem Skiflug die Rede. Die mathematische Theorie der ersten und dritten Sprungphase ist ohne tiefer gehende mathematische Probleme, man findet sie in [$\bar{9}$] dargestellt[1]).

Hinsichtlich der auf den Skispringer während des Fluges wirkenden Luftkraft wird angenommen, daß deren Komponenten, nämlich der entgegen der Bewegungsrichtung wirkende Widerstand und der senkrecht zum Widerstand wirkende Auftrieb, Beträge W, A haben, welche mit der Luftdichte ϱ, der angeströmten Fläche F und dem Betrag V der Relativgeschwindigkeit des Springers gegen die Luft gemäß den Formeln

$$W = c_W \frac{\varrho}{2} F V^2 , \quad A = c_A \frac{\varrho}{2} F V^2$$

verbunden sind; die dimensionslosen Koeffizienten c_W, c_A heißen Wider-

---

[1]) Die in eckigen Klammern stehenden Nummern verweisen auf die am Buchende stehenden Literaturaufzählungen; die quer überstrichenen Nummern beziehen sich auf die Literatur zum Thema Skiflug, die unüberstrichenen auf die mathematische Literatur. Die Literatur zum Thema Skiflug ist im wesentlichen die in [$\bar{4}$] und [$\bar{5}$] angegebene.

stands- und Auftriebsbeiwert. Wird

$$F = b\,h$$

gesetzt, wo b die die Schulterbreite und h die Körpergröße des Skispringers sind, so erweisen sich c_W und c_A wegen der während des Fluges sich ändernden Haltung des Skispringers als Funktionen der Zeit. Da jedoch genauere Aussagen über die analytische Form dieser Funktionen sehr schwierig sind und die Annahme einer Nichtkonstanz von c_W und c_A den ohnehin schon großen Schwierigkeitsgrad der Theorie bis zu einem Verlust der analytischen Überschaubarkeit steigern würde, sind c_W und c_A in dem Buch ausschließlich als positivwertige konstante Koeffizienten in Rechnung gestellt worden.

Im Buch findet der am Hang einer Sprungschanze üblicherweise wehende leichte Aufwind der Windstärke 2 (2 bis 4 m sec^{-1}) Berücksichtigung. Da die Geschwindigkeit des als reiner Gegenwind angenommenen Aufwindes stets klein bezüglich der Geschwindigkeit des Skispringers ist, wird der Fall des Vorhandenseins von Aufwind an den aufwindfreien Fall durch Störungsrechnung angeschlossen.

Der Skisprung ist in der Literatur schon das Thema zahlreicher Arbeiten und Aufsätze gewesen. Die Grundlage für eine mathematische Theorie gab als erster Hermann König (Clausthal), einer der Klassiker des numerischen Rechnens in [9], wo auf die im Buch angewendete Hodographenmethode der Behandlung des Skifluges hingewiesen wird. Die Bewegungsgleichungen (1.1) wurden zuerst von R. Straumann in [13] (1927) aufgestellt, werden dort jedoch unter der unzulässig vereinfachenden Zwangsannahme integriert, daß für alle t-Werte $v + w \equiv$ $\equiv \text{const} = V_0$, $\vartheta \equiv 0$ gilt, wo V_0 die Abfluggeschwindigkeit von der Sprungschanze ist; die Integration liefert dann die Gleichungen

$$x = V_0\,t - \frac{k}{2}\cos\alpha\,(V_0\,t)^2\,, \quad y = \frac{1}{2}(g - k\sin\alpha\,V_0^2)\,t^2\,,$$

aus denen die Bahngleichung

$$x = V_0\sqrt{\frac{2\,y}{g - k\sin\alpha\,V_0^2}} - \frac{k\cos\alpha\,V_0^2}{g - k\sin\alpha\,V_0^2}\,y$$

hervorgeht. Als empirische Bahngleichung wird in [13] (1927) darüber hinaus für in m gemessene Werte x, y und in m sec^{-1} gemessene Werte V_0 die Gleichung

$$y = \frac{6}{V_0^2}\,x^2 + \frac{30 - V_0}{100}\,x$$

genannt, die für Sprungweiten $\sqrt{x^2 + y^2}$ bis zu 80 m und V_0-Werte zwischen 18 und 30 m sec^{-1} gelten soll. Umfangreiche Aufmerksamkeit wird in der Literatur im weiteren der Frage der Veränderlichkeit von c_W und c_A während des Fluges gewidmet; mit dieser Frage befassen sich eingehend G. Hochmuth in [2], [4], [5], G. Hochmuth und J. Stark in [7], W. Nagorny in [10] sowie G. Weidauer in [17]. In [7] wird darauf aufmerksam gemacht, daß die Annahme, die Größen c_W und c_A seien während des Sklifluges konstant, dem wirklichen Sachverhalt nicht entspricht; außerdem wird gesagt, daß eine Integration der Bewegungsgleichungen (1.1) in geschlossener Form nicht möglich ist, diese Gleichungen jedoch durch ein Differenzenverfahren integriert werden können. In [2] findet sich ein Diagramm, welches das Wertepaar c_W, c_A in Abhängigkeit von der

x-Koordinate der Bewegungsgleichungen (1.1) veranschaulicht, wobei x im Intervall von 0 bis 60 m variiert; die c_W-Werte schwanken dabei zwischen 0,5 und 0,95, die c_A-Werte zwischen 0,25 und 0,65. In [10], [4], [17], [5] wird experimentell untersucht, wie sich c_W und c_A mit der Körperhaltung des Skispringers während des Fluges ändern und welchen Einfluß diese Körperhaltung auf die Flugbahn hat. Zur quantitativen Kennzeichnung der Körperhaltung werden vornehmlich die Anstellwinkel der Skier, des Unterkörpers und des Oberkörpers des Skispringers verwendet.

Durchweg im Buch gilt folgendes: 1. Der Wert einer Wurzel mit einer geraden Zahl als Wurzelexponent ist der positive und der Wert einer Wurzel mit einer ungeraden Zahl als Wurzelexponent ist der reelle Wurzelwert. 2. Summierungen, bei denen die untere Summationsgrenze größer als die obere ist, sind leer. 3. Eine reelle analytische Funktion zweier Veränderlicher ist wie in [7], Nr. 37i, erklärt. Es steht dort: „Eine (reelle) Funktion $f(x, y)$ soll in dem Rechteck $|x - \xi| \leqq a$, $|y - \eta| \leqq b$ *analytisch* heißen, wenn sie durch eine in diesem Rechteck absolut konvergente Potenzreihe der beiden Größen $x - \xi$ und $y - \eta$ dargestellt werden kann."

1. Aerodynamische Grundlagen

Das den Betrachtungen zugrunde liegende Bezugssystem ist ein erdfestes rechtwinkliges cartesisches (x, y)-Koordinatensystem mit waagerechter, in Flugrichtung des Skispringers orientierter x-Achse und senkrecht nach unten orientierter y-Achse. Es seien

- W, A die Beträge der Widerstands- und Auftriebskomponente der auf den Springer beim Flug wirkenden Luftkraft,
- b, h die Schulterbreite und Körpergröße des Springers,
- l der Abstand der Wirkungslinie der Auftriebskomponente der auf den Springer beim Flug wirkenden Luftkraft vom Schwerpunkt des Systems Springer–Ski,
- Θ das Massenträgheitsmoment des Systems Springer–Ski bezogen auf die durch den Schwerpunkt des Systems gehende Körperquerachse des Springers,
- m die Masse des Springers mit Skiern,
- ϱ die Massendichte der Luft,
- g die Beschleunigung durch die Schwerkraft,
- t die Zeitvariable,
- v die Bahngeschwindigkeit des Springers beim Flug,
- w die Geschwindigkeit des Gegenwindes des Springers.

Bei v und w sind Werte negativen Vorzeichens zugelassen. Es ist v positiv oder negativ, je nachdem sich der Springer in seiner Blickrichtung bewegt oder vom Gegenwind, zurückgedrückt wird. Es ist w positiv, falls der Springer Gegenwind, und negativ, falls er Rückenwind hat. Von vornherein wird angenommen, daß $v + w \geqq 0$ gilt.

Das System Springer–Ski (Abb. 2) wird als starrer Körper betrachtet, welcher sich in der (x, y)-Ebene derart bewegt, daß die durch den Systemschwerpunkt S gehende Körperquerachse des Springers während des Sprunges senkrecht zur (x, y)-Ebene gerichtet bleibt.

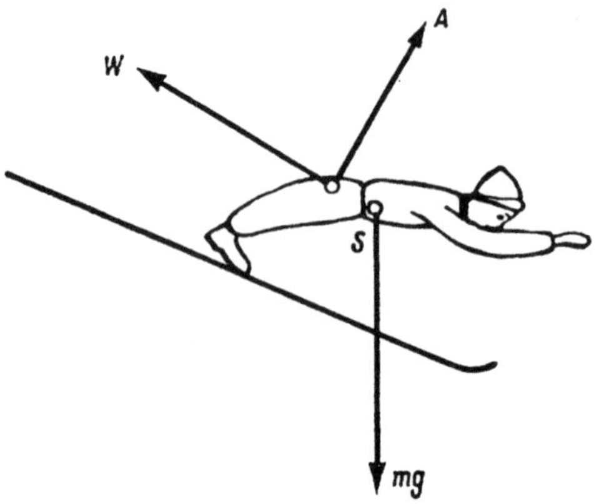

Abb. 2. Das System Springer-Ski

Mit $F = b\,h$ sei

$$W = c_W \frac{\varrho}{2} F\,(v + w)^2\,, \quad A = c_A \frac{\varrho}{2} F\,(v + w)^2 \qquad (c_W > 0,\, c_A > 0)\,.$$

Es seien x, y die Koordinaten von S, und es sei ϑ der im positiven Drehsinn orientierte Neigungswinkel der in Blickrichtung des fliegenden Skispringers orientierten Tangente der Bahn von S gegenüber der x-Achse (Abb. 3)[1]. Betrachtet werden praxisgemäß nur Flüge, bei denen ϑ im Intervall $\left(-\frac{\pi}{2}\,;\,\frac{\pi}{2}\right)$ liegt. Der Schwerpunktssatz liefert die Gleichungen

$$m\,\frac{d^2x}{dt^2} = A \sin\vartheta - W \cos\vartheta\,, \quad m\,\frac{d^2y}{dt^2} = m\,g - W \sin\vartheta - A \cos\vartheta\,.$$

Da die Wirkungslinie der auf den Springer beim Flug wirkenden Luftkraft an S vorbeigeht, erfährt der fliegende Springer eine Drehbewegung um seine durch S gehende Körperquerachse. Diese Drehbewegung ist vornüber gerichtet (Abb. 4); für ihre Winkelgeschwindigkeit ω liefert unter der Annahme, daß lediglich die

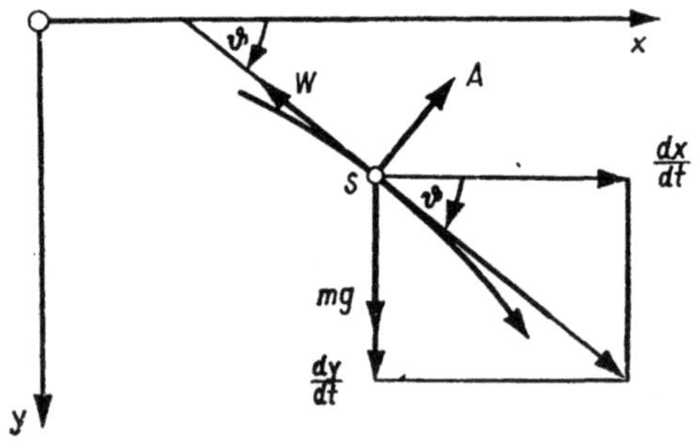

Abb. 3. Flugbahn im (x, y)-System

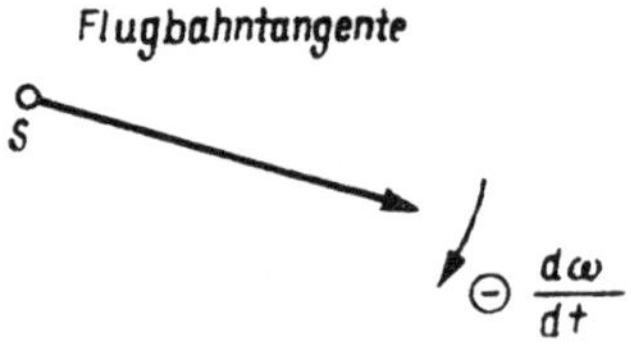

Abb. 4. Drehbewegung des Springers

[1]) Da es sich in Abb. 3 bei dem (x, y)-System um ein Linkssystem handelt, ist dort der positive Drehsinn der Uhrzeigersinn.

Auftriebskomponente der Luftkraft zur Drehung beiträgt, der Drehimpulssatz die Gleichung

$$\Theta \frac{d\omega}{dt} = l\,A\,.$$

Schreibt man

$$c_W = c\cos\alpha\,,\; c_A = c\sin\alpha \qquad \left(c > 0,\; 0 < \alpha < \frac{\pi}{2}\right),$$

und führt man den positivwertigen Koeffizienten

$$k = c\,\frac{\varrho}{2\,m}\,F$$

ein, so erhält man

$$\left.\begin{aligned} \frac{d^2x}{dt^2} &= k\,(v + w)^2\,(\sin\alpha\sin\vartheta - \cos\alpha\cos\vartheta)\,,\\ \frac{d^2y}{dt^2} &= g - k\,(v + w)^2\,(\sin\alpha\cos\vartheta + \cos\alpha\sin\vartheta)\,,\\ \frac{d\omega}{dt} &= \frac{k\,l\,m}{\Theta}\sin\alpha\,(\,v + w)^2\,. \end{aligned}\right\} \tag{1.1}$$

Wegen

$$\cos\vartheta = \frac{1}{v}\,\frac{dx}{dt}\,,\quad \sin\vartheta = \frac{1}{v}\,\frac{dy}{dt}\,,\quad v^2 = \left(\frac{dx}{dt}\right)^2 + \left(\frac{dy}{dt}\right)^2,$$

$$\vartheta = \arctan\frac{\dfrac{dy}{dt}}{\dfrac{dx}{dt}}\,,\qquad \frac{d\vartheta}{dt} = \frac{1}{v^2}\left(\frac{dx}{dt}\,\frac{d^2y}{dt^2} - \frac{dy}{dt}\,\frac{d^2x}{dt^2}\right)$$

erhält nan weiterhin

$$\frac{1}{v}\,\frac{dv}{d\vartheta} = \frac{\dfrac{1}{2}\,\dfrac{d(v^2)}{dt}}{v^2\,\dfrac{d\vartheta}{dt}} = \frac{\dfrac{dy}{dt}\,\dfrac{d^2y}{dt^2} + \dfrac{dx}{dt}\,\dfrac{d^2x}{dt^2}}{\dfrac{dx}{dt}\,\dfrac{d^2y}{dt^2} - \dfrac{dy}{dt}\,\dfrac{d^2x}{dt^2}} = \frac{\dfrac{d^2y}{dt^2}\sin\vartheta + \dfrac{d^2x}{dt^2}\cos\vartheta}{\dfrac{d^2y}{dt^2}\cos\vartheta - \dfrac{d^2x}{dt^2}\sin\vartheta}$$

$$= \frac{g\sin\vartheta - k\,(v + w)^2\cos\alpha}{g\cos\vartheta - k\,(v + w)^2\sin\alpha}\,.$$

Die Differentialgleichung

$$\frac{dv}{d\vartheta} = \frac{g\sin\vartheta - k\,(v + w)^2\cos\alpha}{g\cos\vartheta - k\,(v + w)^2\sin\alpha}\,v$$

heißt die *Hodographengleichung* des Skifluges. Sie geht mit Einführung der dimensionslosen Größen

$$u = v\sqrt{\frac{k}{g}}\,,\quad a = w\sqrt{\frac{k}{g}} \qquad (a \gtreqless 0,\, u + a \geqq 0) \tag{1.2}$$

über in die Differentialgleichung

$$\frac{du}{d\vartheta} = \frac{(u + a)^2\cos\alpha - \sin\vartheta}{(u + a)^2\sin\alpha - \cos\vartheta}\,u \qquad \left(0 < \alpha < \frac{\pi}{2}\right). \tag{1.3}$$

Wegen

$$\frac{dx}{dt} = \sqrt{\frac{g}{k}}\, u \cos\vartheta\,, \quad \frac{dy}{dt} = \sqrt{\frac{g}{k}}\, u \sin\vartheta\,,$$

$$\frac{d\vartheta}{dt} = \frac{\sqrt{g\,k}}{u}\left(\cos\vartheta - (u+a)^2 \sin\alpha\right), \quad \frac{d\omega}{dt} = \frac{\lg m}{\Theta}(u+a)^2 \sin\alpha$$

bestehen außerdem die Gleichungen

$$\left.\begin{aligned} \frac{dx}{d\vartheta} &= \frac{1}{k}\,\frac{u^2 \cos\vartheta}{\cos\vartheta - (u+a)^2 \sin\alpha}\,, \quad \frac{dy}{d\vartheta} = \frac{1}{k}\,\frac{u^2 \sin\vartheta}{\cos\vartheta - (u+a)^2 \sin\alpha}\,,\\ \frac{d\omega}{d\vartheta} &= \frac{l\,m \sin\alpha}{\Theta}\sqrt{\frac{g}{k}}\,\frac{u\,(u+a)^2}{\cos\vartheta - (u+a)^2 \sin\alpha}\,,\\ \frac{dt}{d\vartheta} &= \frac{1}{\sqrt{g\,k}}\,\frac{u}{\cos\vartheta - (u+a)^2 \sin\alpha}\,. \end{aligned}\right\} \quad (1.4)$$

Die Gleichungen (1.4) zeigen, daß nach Ermittlung einer partikulären Lösung $u = u(\vartheta)$ *der Differentialgleichung (1.3) die zu dieser Lösung gehörenden Größen* x, y, ω, t *als Funktionen von* ϑ *allein durch jeweils eine Quadratur ermittelt werden können.*

Auf Grund des soeben festgestellten Sachverhaltes genügt es, sich lediglich noch mit der Differentialgleichung (1.3) zu beschäftigen. Es geht (1.3) bei der durch die Gleichungen

$$\frac{\cos\vartheta}{(u+a)^2} = \frac{1}{r^3} + \frac{1}{3}\sin\alpha\,, \quad \frac{\sin\vartheta}{(u+a)^2} = \frac{s}{9\,r^2} + \frac{1}{3}\cos\alpha - \frac{4}{45}\sin\alpha\cos\alpha\, r^3 \quad (1.5)$$

erklärten Transformation über in die *transformierte Hodographengleichung*

$$\frac{ds}{dr} = \frac{f(r) + a\sqrt{U(r,s)}\,G(r,s)}{s - g(r) + a\sqrt{U(r,s)}\,H(r,s)} \quad (1.6)$$

mit

$$f(r) = \frac{81}{r^3} - 27\sin\alpha + 18\,(3\cos^2\alpha - 1)\,r^3 - 12\sin\alpha\cos^2\alpha\, r^6$$
$$- 8\sin^2\alpha\cos^2\alpha\, r^9 = \frac{1}{r^3}(3 + \sin\alpha\, r^3)\,(3 - 2\sin\alpha\, r^3)\,(9 + 4\cos^2\alpha\, r^6)\,,$$

$$g(r) = 3\cos\alpha\, r^2 + \frac{14}{5}\sin\alpha\cos\alpha\, r^5 = \cos\alpha\, r^2\left(3 + \frac{14}{5}\sin\alpha\, r^3\right),$$

$$U(r,s) = \frac{1}{3}\sqrt{\left(\frac{3}{r^3} + \sin\alpha\right)^2 + \left(\frac{s}{3\,r^2} + \cos\alpha - \frac{4}{15}\sin\alpha\cos\alpha\, r^3\right)^2}\,,$$

$$G(r,s) = \frac{2}{9\,r}(3 - 2\sin\alpha\, r^3)\left(s - 6\cos\alpha\, r^2 - \frac{4}{5}\sin\alpha\cos\alpha\, r^5\right)$$
$$\times\left(s + 9\cos\alpha\, r^2 + \frac{6}{5}\sin\alpha\cos\alpha\, r^5\right),$$

$$H(r,s) = -\frac{2}{9}(3 + \sin\alpha\, r^3)\left(s - 6\cos\alpha\, r^2 - \frac{4}{5}\sin\alpha\cos\alpha\, r^5\right).$$

Geometrisch sollen die Wertepaare r, s als Punkte eines rechtwinkligen cartesischen (r, s)-Koordinatensystems dargestellt werden. Eine Lösungskurve von (1.6) in diesem Koordinatensystem werde *transformierter Hodograph* genannt.

2. Die Hodographengleichung im Fall $a = 0$

2.1. Die transformierte Hodographengleichung

Ist $a = 0$, d. h. ist kein Hangwind vorhanden, so geht die transformierte Hodographengleichung (1.6) in die Differentialgleichung

$$\frac{ds}{dr} = \frac{f(r)}{s - g(r)} \tag{2.1.1}$$

über. *Es ist (2.1.1) eine Abelsche Differentialgleichung zweiter Art mit Koeffizienten, welche rationale Funktionen der unabhängigen Veränderlichen r sind.*

Gemäß (1.5) sind die Wertepaare r, s mit den Wertepaaren $\mathring{u} = u|_{a=0}$, ϑ bis auf Vielfache von 2π bei ϑ umkehrbar eindeutig durch die Transformation

$$\frac{1}{\mathring{u}^2}\cos\vartheta = \frac{1}{r^3} + \frac{1}{3}\sin\alpha\,, \quad \frac{1}{\mathring{u}^2}\sin\vartheta = \frac{s}{9\,r^2} + \frac{1}{3}\cos\alpha - \frac{4}{45}\sin\alpha\cos\alpha\, r^3$$

verbunden, die nach r, s aufgelöst die Gestalt

$$\left.\begin{array}{l} r = \sqrt[3]{\dfrac{3\,\mathring{u}^2}{3\cos\vartheta - \mathring{u}^2\sin\alpha}}\,, \\[2ex] s = \left(\dfrac{9}{\mathring{u}^2}\sin\vartheta - 3\cos\alpha + \dfrac{12}{5}\sin\alpha\cos\alpha\,\dfrac{\mathring{u}^2}{3\cos\vartheta - \mathring{u}^2\sin\alpha}\right)\sqrt[3]{\dfrac{9\,\mathring{u}^4}{(3\cos\vartheta - \mathring{u}^2\sin\alpha)^2}} \\[2ex] \left(0 < \alpha < \dfrac{\pi}{2}\,;\ \mathring{u} > 0\right) \end{array}\right\} \tag{2.1.2}$$

annimmt. Die Kurven $\mathring{u} = \text{const}$ und $\vartheta = \text{const}$ bilden in der (r, s)-Ebene die Koordinatenlinien eines Polarkoordinatensystems, dessen Pol der zu $\mathring{u} = \infty$ gehörende Punkt $r = -\sqrt[3]{\dfrac{3}{\sin\alpha}}$, $s = -\dfrac{27}{5}\sqrt[3]{9}\,\dfrac{\cos\alpha}{\sqrt[3]{\sin^2\alpha}}$ ist. Zu $\mathring{u} = \text{const} = \mathring{u}_0 > 0$ gehört die Kurve

$$s = \frac{4}{5}\sin\alpha\cos\alpha\, r^5 - 3\cos\alpha\, r^2 \pm 3\sqrt{\left(\frac{9}{\mathring{u}_0^4} - \sin^2\alpha\right) r^4 - 6\sin\alpha\, r - \frac{9}{r^2}}$$

$$\left(\begin{array}{l} -\sqrt[3]{\dfrac{3}{\sin\alpha - \dfrac{3}{\mathring{u}_0^2}}} \leqq r \leqq -\sqrt[3]{\dfrac{3}{\sin\alpha + \dfrac{3}{\mathring{u}_0^2}}} \quad \text{für} \quad \mathring{u}_0 \geqq \sqrt{\dfrac{3}{\sin\alpha}}\,; \\[4ex] r\left\{\begin{array}{l} \leqq -\sqrt[3]{\dfrac{3}{\dfrac{3}{\mathring{u}_0^2} + \sin\alpha}} \\[4ex] \geqq \sqrt[3]{\dfrac{3}{\dfrac{3}{\mathring{u}_0^2} - \sin\alpha}} \end{array}\right. \quad \text{für} \quad 0 < \mathring{u}_0 < \sqrt{\dfrac{3}{\sin\alpha}} \end{array}\right),$$

dem Wert $\mathring{u}_0 = 0$ entspricht die s-Achse. Zu $\vartheta = \text{const} = \vartheta_0 \mp \left(n + \frac{1}{2}\right)\pi$ $(n = 0, \pm 1, \pm 2, \ldots)$ gehört die Kurve

$$s = 9 \tan \vartheta_0 \frac{1}{r} + 3 (\tan \vartheta_0 \sin \alpha - \cos \alpha) r^2 + \frac{4}{5} \sin \alpha \cos \alpha \, r^5$$

$$\left(\begin{array}{ll} -\sqrt[3]{\dfrac{3}{\sin \alpha}} < r < 0 & \text{für} \quad \left(2n + \dfrac{1}{2}\right)\pi < \vartheta_0 < \left(2n + \dfrac{3}{2}\right)\pi \\ r \begin{cases} < -\sqrt[3]{\dfrac{3}{\sin \alpha}} \\ > 0 \end{cases} & \text{für} \quad \left(2n - \dfrac{1}{2}\right)\pi < \vartheta_0 < \left(2n + \dfrac{1}{2}\right)\pi \end{array}\right),$$

zu $\vartheta = \left(2n + \frac{\varepsilon}{2}\right)\pi$ $(n = 0, \pm 1, \pm 2, \ldots; \ \varepsilon = \pm 1)$ gehört die Halbgerade $r = -\sqrt[3]{\frac{3}{\sin \alpha}}$, $\varepsilon s > -\varepsilon \frac{27}{5} \sqrt[3]{9} \frac{\cos \alpha}{\sqrt[3]{\sin^2 \alpha}}$. Wie schon in 1. gesagt, sollen für den Skiflug allein ϑ-Werte im Intervall $\left(-\frac{\pi}{2}; \frac{\pi}{2}\right)$ zulässig sein.

Die transformierte Hodographengleichung (2.1.1) gestattet eine einfache graphische Konstruktion des Richtungsfeldes ihrer Lösungskurven: *Das durch einen Punkt* (r_0, s_0) *gehende Linienelement des Richtungsfeldes steht senkrecht auf der Geraden durch die Punkte* (r_0, s_0) *und* $\big(r_0 + f(r_0), g(r_0)\big)$.

2.2. Zur Frage der Integrierbarkeit der transformierten Hodographengleichung durch Quadraturen

Bei der Aufgabe der Ermittlung der Lösungen der Differentialgleichung (2.1.1) erhebt sich die Frage der Auffindung der Lösungen durch Quadraturen. Grundlage für die nachstehende Behandlung dieser Frage ist der von J. Drach erkannte Sachverhalt, daß die Lösung von (2.1.1) durch Quadraturen nur dann möglich ist, wenn bei der (2.1.1) zugeordneten linearen partiellen Differentialgleichung

$$\frac{\partial z}{\partial r} + \frac{f(r)}{s - g(r)} \frac{\partial z}{\partial s} = 0 \tag{2.2.1}$$

eine der Invarianten

$$z, \ k_\lambda = \left(\frac{\partial z}{\partial s}\right)^\lambda (\lambda = 1, 2, 3, \ldots), \ J = \frac{\dfrac{\partial^2 z}{\partial s^2}}{\dfrac{\partial z}{\partial s}}$$

eine rationale Funktion von s ist ([4], S. 3; siehe auch [15], Abschn. 31).

Angenommen, es sei z eine rationale Funktion von s. Es gebe also ein r-Intervall R, in dem

$$z = \varphi(r) \frac{((s - \varphi_1(r))^{\alpha_1} \cdots (s - \varphi_m(r))^{\alpha_m}}{(s - \psi_1(r))^{\beta_1} \cdots (s - \psi_n(r))^{\beta_n}} \quad . \tag{2.2.2}$$

ist mit ganzen Zahlen α_μ $(\mu = 1, \ldots, m)$, die entweder sämtlich verschwinden oder sämtlich positiv sind, ganzen Zahlen β_ν $(\nu = 1, \ldots, n)$, die ebenfalls entweder sämtlich verschwinden oder sämtlich positiv sind, und komplexwertigen differenzierbaren Funktionen $\varphi(r)$, $\varphi_\mu(r)$, $\psi_\nu(r)$ derart, daß alle $\varphi_\mu(r)$, $\psi_\nu(r)$ in R voneinander verschieden sind, d. h. je zu zweit für mindestens einen Wert in R nicht übereinstimmen[1]). Division von (2.2.1) durch z und anschließende Substitution von (2.2.2) liefert für alle reellen und komplexen Werte von s die Identität

$$\frac{\varphi'(r)}{\varphi(r)} - \sum_\mu \frac{\alpha_\mu\,\varphi'_\mu(r)}{s-\varphi_\mu(r)} + \sum_\nu \frac{\beta_\nu\,\psi'_\nu(r)}{s-\psi_\nu(r)} + \frac{f(r)}{s-g(r)}\left(\sum_\mu \frac{\alpha_\mu}{s-\varphi_\mu(r)} - \sum_\nu \frac{\beta_\nu}{s-\psi_\nu(r)}\right) \equiv 0\,.$$

Die linke Seite dieser Identität ist eine meromorphe Funktion von s, ihre Zerlegung in Teilbrüche führt mit Beachtung des aus der Identität folgenden Sachverhaltes, daß keine der Funktionen $\varphi_\mu(r)$, $\psi_\nu(r)$ mit $g(r)$ identisch sein kann, zu der Identität

$$\begin{aligned}&\frac{\varphi'(r)}{\varphi(r)} - \sum_\mu \left(\varphi'_\mu(r) - \frac{f(r)}{\varphi_\mu(r)-g(r)}\right)\frac{\alpha_\mu}{s-\varphi_\mu(r)}\\ &+ \sum_\nu \left(\psi'_\nu(r) - \frac{f(r)}{\psi_\nu(r)-g(r)}\right)\frac{\beta_\nu}{s-\psi_\nu(r)}\\ &-\left(\sum_\mu \frac{\alpha_\mu}{\varphi_\mu(r)-g(r)} - \sum_\nu \frac{\beta_\nu}{\psi_\nu(r)-g(r)}\right)\frac{f(r)}{s-g(r)} \equiv 0\,.\end{aligned}$$

Aus letzterer Identität folgt, daß es genau dann eine Funktion z der Gestalt (2.2.2) gibt, wenn im Intervall R die Beziehung

$$\varphi'(r) \equiv 0 \tag{2.2.3}$$

sowie für die Funktionen $\varphi_\mu(r)$, $\psi_\nu(r)$ die Gleichungen

$$\varphi'_\mu(r) = \frac{f(r)}{\varphi_\mu(r)-g(r)}\,,\quad \psi'_\nu(r) = \frac{f(r)}{\psi_\nu(r)-g(r)}\,,\quad \sum_\mu \frac{\alpha_\mu}{\varphi_\mu(r)-g(r)} = \sum_\nu \frac{\beta_\nu}{\psi_\nu(r)-g(r)} \tag{2.2.4}$$

bestehen; verschwinden sämtliche α_μ, so ist die μ-Summe, verschwinden sämtliche β_ν, so ist die ν-Summe in (2.2.4) als leer anzusehen. Als Lösung der Gleichung (2.2.3) darf man speziell $\varphi(r) \equiv 1$ setzen. Die Gleichungen (2.2.4) sagen aus, daß die Funktionen $\varphi_\mu(r)$, $\psi_\nu(r)$ im r-Intervall R Lösungen der Differentialgleichung (2.1.1) sind, welche einer *Verknüpfungsbedingung* derart genügen, daß der Ausdruck $\sum_\mu \alpha_\mu\,\varphi_\mu(r) - \sum_\nu \beta_\nu\,\psi_\nu(r)$ nicht von r abhängt. Ist eine nichtkonstante Funktion $z = z(r, s)$ konstruiert, so geschieht die Integration der Differentialgleichung (2.1.1) auf Grund des Sachverhaltes, daß $\dfrac{\frac{\partial z}{\partial s}}{s-g(r)}$ Multiplikator des Differentials

$$f(r)\,dr - \big(s-g(r)\big)\,ds \tag{2.2.5}$$

ist.

[1]) Eine Funktion $\varphi_\mu(r)$ hat man sich nur im Fall $\alpha_\mu > 0$, eine Funktion $\psi_\nu(r)$ nur im Fall $\beta_\nu > 0$ eingeführt zu denken.

Angenommen nun, es sei k_λ eine rationale Funktion von s, d. h. über einem r-Intervall R gelte

$$\left(\frac{\partial z}{\partial s}\right)^\lambda = \varphi(r)\frac{(s-\varphi_1(r))^{\alpha_1}\cdots(s-\varphi_m(r))^{\alpha_m}}{(s-\psi_1(r))^{\beta_1}\cdots(s-\psi_n(r))^{\beta_n}} \qquad (\lambda = 1, 2, 3, \ldots) \tag{2.2.6}$$

mit Exponenten α_μ, β_ν sowie Funktionen $\varphi(r)$, $\varphi_\mu(r)$, $\psi_\nu(r)$, wie sie schon im Anschluß an (2.2.2) beschrieben wurden.

Da $\dfrac{\frac{\partial z}{\partial s}}{s-g(r)}$ Multiplikator des Differentials (2.2.5) ist, genügt $Z = \ln\dfrac{\partial z}{\partial s}$ der Differentialgleichung

$$\frac{\partial Z}{\partial r} + \frac{f(r)}{s-g(r)}\frac{\partial Z}{\partial s} - \frac{f(r)}{(s-g(r))^2} = 0\,, \tag{2.2.7}$$

und man hat bei Substitution von (2.2.6) in (2.2.7) für alle reellen und komplexen Werte von s die Identität

$$\frac{\varphi'(r)}{\varphi(r)} - \sum_\mu \frac{\alpha_\mu\varphi_\mu'(r)}{s-\varphi_\mu(r)} + \sum_\nu \frac{\beta_\nu\psi_\nu'(r)}{s-\psi_\nu(r)} + \frac{f(r)}{s-g(r)}\left(\sum_\mu \frac{\alpha_\mu}{s-\varphi_\mu(r)} - \sum_\nu \frac{\beta_\nu}{s-\psi_\nu(r)}\right)$$
$$- \frac{\lambda f(r)}{(s-g(r))^2} \equiv 0\,,$$

welche mit Berücksichtigung des aus der Identität folgenden Sachverhaltes, daß keine der Funktionen $\varphi_\mu(r)$, $\psi_\nu(r)$ mit $g(r)$ identisch sein kann, zu der widersprüchlichen Gleichung $\lambda = 0$ führt. Das Bestehen einer Gleichung (2.2.6) ist folglich nicht möglich.

Es sei nunmehr J eine rationale Funktion von s, d. h. über einem r-Intervall R habe J die schon in (2.2.2) und (2.2.6) stehende Form

$$J = \varphi(r)\frac{(s-\varphi_1(r))^{\alpha_1}\cdots(s-\varphi_m(r))^{\alpha_m}}{(s-\psi_1(r))^{\beta_1}\cdots(s-\psi_n(r))^{\beta_n}}\,, \tag{2.2.8}$$

wobei über die im Anschluß an (2.2.2) gemachten Voraussetzungen hinaus jetzt noch zusätzlich vorausgesetzt wird, daß die Funktionen $\varphi'(r)$, $\varphi_\mu'(r)$, $\psi_\nu'(r)$ in R stetig sind. Es ist $J = \dfrac{\partial Z}{\partial s}$, und wegen $\dfrac{\partial^2 Z}{\partial r\,\partial s} = \dfrac{\partial J}{\partial r}$ [1]) entsteht aus (2.2.7) bei Differentiation nach s die Differentialgleichung

$$\frac{\partial J}{\partial r} + \frac{f(r)}{s-g(r)}\frac{\partial J}{\partial s} - \frac{f(r)}{(s-g(r))^2}J + \frac{2f(r)}{(s-g(r))^3} = 0\,,$$

die nach Division durch J und Substitution von (2.2.8) in die für alle Werte von s gültige Identität

$$\frac{\varphi'(r)}{\varphi(r)} - \sum_\mu \frac{\alpha_\mu\varphi_\mu'(r)}{s-\varphi_\mu(r)} + \sum_\nu \frac{\beta_\nu\psi_\nu'(r)}{s-\psi_\nu(r)}$$
$$+ \frac{f(r)}{s-g(r)}\left(\sum_\mu \frac{\alpha_\mu}{s-\varphi_\mu(r)} - \sum_\nu \frac{\beta_\nu}{s-\psi_\nu(r)}\right) - \frac{f(r)}{(s-g(r))^2}$$
$$+ \frac{2f(r)}{(s-g(r))^3}\,\frac{(s-\psi_1(r))^{\beta_1}\cdots(s-\psi_n(r))^{\beta_n}}{\varphi(r)\,(s-\varphi_1(r))^{\alpha_1}\cdots(s-\varphi_m(r))^{\alpha_m}} \equiv 0 \tag{2.2.9}$$

---

[1]) Die Identität $\dfrac{\partial^2 Z}{\partial r\,\partial s} = \dfrac{\partial^2 Z}{\partial s\,\partial r} = \dfrac{\partial J}{\partial r}$ besteht auf Grund der vorausgesetzten Stetigkeit der Funktionen $\varphi'(r)$, $\varphi_\mu'(r)$, $\psi_\nu'(r)$.

übergeht. Aus (2.2.9) können folgende Schlüsse gezogen werden: Eine der Funktionen $\psi_\nu(r)$ ist mit $g(r)$ identisch; wird $\psi_1(r)$ mit $g(r)$ identifiziert, so ist $\beta_1 = 1$, woraus dann

$$\varphi(r) = \frac{(g(r) - \psi_2(r))^{\beta_2} \cdots (g(r) - \psi_n(r))^{\beta_n}}{(g(r) - \varphi_1(r))^{\alpha_1} \cdots (g(r) - \varphi_m(r))^{\alpha_m}} \tag{2.2.10}$$

folgt. Die Nullsetzung der Residuen der linken Seite von (2.2.9) bei $\psi_2(r), \ldots, \psi_n(r)$ und $g(r)$ liefert für die zu positiven Exponenten β_ν $(\nu \geqq 2)$ gehörigen Funktionen $\psi_\nu(r)$ die Gleichungen

$$\psi'_\nu(r) = \frac{f(r)}{\psi_\nu(r) - g(r)} \qquad (\nu = 2, \ldots, n) \tag{2.2.11}$$

sowie die Gleichung

$$g'(r) = f(r)\left(\sum_{\nu \geqq 2} \frac{\beta_\nu}{\psi_\nu(r) - g(r)} - \sum_{\mu} \frac{\alpha_\mu}{\varphi_\mu(r) - g(r)}\right); \tag{2.2.12}$$

das Bestehen von (2.2.9) für $s = \infty$ führt mit Berücksichtigung von $\beta_1 = 1$ zu der Ungleichung

$$\beta_2 + \cdots + \beta_n \leqq \alpha_1 + \cdots + \alpha_m + 2\,. \tag{2.2.13}$$

Verschwinden sämtliche α_μ, so sind (2.2.13) zufolge der Fall des Verschwindens sämtlicher β_ν $(v \geqq 2)$ sowie die Fälle

$$n = 2\,,\ \beta_2 = 1;\ n = 2\,,\ \beta_2 = 2;\ n = 3\,,\ \beta_2 = 1\,,\ \beta_3 = 1$$

möglich. Der Fall des Verschwindens sämtlicher β_ν $(\nu \geqq 2)$ widerspricht der Gleichung (2.2.12). Der Fall $n = 2$, $\beta_2 = 1$ führt gemäß (2.2.9) und (2.2.10) auf die Gleichungen $\varphi'(r) = 0$, $\varphi(r) = g(r) - \psi_2(r)$, aus denen (2.2.11) zufolge mit einer Integrationskonstanten C_1 die Gleichung $\varphi'_2(r) = \frac{f(r)}{C_1}$ und daraus weiterhin gemäß (2.2.12) die widersprüchliche Gleichung $g'(r) = \frac{f(r)}{C_1}$ folgen. Der Fall $n = 3$, $\beta_2 = \beta_3 = 1$ führt gemäß (2.2.9) und (2.2.10) auf die Gleichungen $\varphi'(r) = -2\,f(r)$, $\varphi(r) = \big(g(r) - \psi_2(r)\big)\big(g(r) - \psi_3(r)\big)$, mit denen sich wegen der aus (2.2.11) und (2.2.12) mit einer Integrationskonstanten C_2 folgenden Gleichung $g(r) = \psi_2(r) + \psi_3(r) + C_2$ aus (2.2.12) die Gleichung $g'(r) = \frac{\varphi'(r)}{2}\frac{g(r) + C_2}{\varphi(r)}$ und daraus mit einer weiteren Integrationskonstanten C_3 des weiteren die Gleichungen $\varphi(r) = C_3\big(g(r) + C_2\big)^2$, $\varphi'(r) = 2\,C_3\,g'(r)\big(g(r) + C_2\big)$, also die widersprüchliche Gleichung $f(r) + C_3\,g'(r)\big(g(r) + C_2\big) \equiv 0$ ergeben. Über den Fall $n = 2, \beta_2 = 2$ schließlich ist wörtlich dasselbe wie über den Fall $n = 3, \beta_2 = \beta_3 = 1$ zu sagen, man muß nur $\psi_3(r) = \psi_2(r)$ setzen. Somit ist bewiesen, daß nicht sämtliche α_μ verschwinden können. Aus (2.2.9) geht daraufhin hervor, daß sämtliche α_μ gleich Eins sind und die Funktionen $\varphi_\mu(r)$ dementsprechend die Gleichungen

$$\varphi'_\mu(r) = f(r)\left(\frac{1}{\varphi_\mu(r) - g(r)} + \frac{2}{\varphi(r)}\right.$$
$$\left.\times \frac{(\varphi_\mu(r) - \psi_2(r))^{\beta_2} \cdots (\varphi_\mu(r) - \psi_n(r))^{\beta_n}}{(\varphi_\mu(r) - g(r))^2\,(\varphi_\mu(r) - \varphi_1(r)) \cdots (\varphi_\mu(r) - \varphi_{\mu-1}(r))\,(\varphi_\mu(r) - \varphi_{\mu+1}(r)) \cdots (\varphi_\mu(r) - \varphi_m(r))}\right)$$
$$(\mu = 1, \ldots, m) \tag{2.2.14}$$

erfüllen.

Zusammenfassend kann in bezug auf J folgendes gesagt werden: Es gibt genau dann eine Funktion J der Gestalt (2.2.8), wenn in dem r-Intervall R die Beziehungen

$$\beta_1 = 1\,,\ \psi_1(r) = g(r)\,,$$

$$\alpha_1 = \cdots = \alpha_m = 1\,,\ \beta_2 + \cdots + \beta_n \leqq m + 2\,,$$

$$\varphi(r) = \frac{(g(r) - \psi_2(r))^{\beta_2} \cdots (g(r) - \psi_n(r))^{\beta_n}}{(g(r) - \varphi_1(r)) \cdots (g(r) - \varphi_m(r))}\,,$$

$$\varphi'(r) = \begin{cases} 0 & \text{für} \quad \beta_2 + \cdots + \beta_n < m + 2 \\ -2\,f(r) & \text{für} \quad \beta_2 + \cdots + \beta_n = m + 2 \end{cases}$$

gelten, und die $\psi_\nu(r)$ ($\nu = 2, \ldots, n$) Lösungen der Differentialgleichung (2.1.1) sowie die $\varphi_\mu(r)$ Lösungen des Differentialgleichungssystems (2.2.14) derart sind, daß die *Verknüpfungsbedingung*

$$\sum_\mu \frac{1}{\varphi_\mu(r) - g(r)} = \sum_{\nu \geqq 2} \frac{\beta_\nu}{\psi_\nu(r) - g(r)} - \frac{g'(r)}{f(r)}$$

besteht.

Es gibt nur höchstens eine Funktion J der Gestalt (2.2.8). Gäbe es nämlich zwei Funktionen $J = J_1$, $J = J_2$ dieser Gestalt, so wäre $Z = \ln (J_1 - J_2)$ eine Lösung der Differentialgleichung (2.2.7), bei welcher $J_1 - J_2$ eine bezüglich s rationale Funktion ist. Eine solche Lösung gibt es gemäß dem über (2.2.7) Gesagten jedoch nicht.

Ist $J = J(r, s)$ ermittelt, so wird die Differentialgleichung (2.1.1) integriert, indem aus der Differentialgleichung

$$\frac{\partial^2 z}{\partial s^2} = J\,\frac{\partial z}{\partial s}$$

sowie der Differentialgleichung (2.2.7) erst $\frac{\partial z}{\partial s}$ ermittelt wird, was mit einem willkürlichen Wert r_0 auf

$$\frac{\partial z}{\partial s} = \exp\left(\int_{r_0}^{r} \frac{f(\xi)}{g(\xi)^2}\,(1 + g(\xi)\,J(\xi, 0))\,d\xi + \int_0^s J(r, \eta)\,d\eta\right)$$

führt, und alsdann $\dfrac{\frac{\partial z}{\partial s}}{s - g(r)}$ als Multiplikator des Differentials (2.2.5) verwendet wird.

Die durchgeführten Betrachtungen zeigen, daß die Differentialgleichung (2.1.1) genau dann durch Quadraturen integrierbar wird, wenn partikuläre Lösungen dieser Differentialgleichung vorhanden sind, die untereinander bzw. mit partikulären Lösungen des Differentialgleichungssystems (2.2.14) einer Verknüpfungsbedingung genügen. Es gilt also zu entscheiden, ob es Lösungen von (2.1.1) bzw. von (2.1.1) und (2.2.14) gibt, welche der zu fordernden Verknüpfungsbedingung genügen, und, falls es derartige Lösungen gibt, darüber hinaus zu bestimmen, mit wieviel Lösungen und mit welchen Werten α_μ, β_ν die Verknüpfungsbedingung zu bilden ist. Die Erledigung dieser Aufgabe ist überaus kompliziert und erfordert ein genaues Studium der funktionentheoretischen

Eigenschaften der Lösungsmannigfaltigkeiten der Differentialgleichungen (2.1.1) und (2.2.14). Diesem Sachverhalt zufolge wird nachstehend die Integration von (2.1.1) durch Quadraturen nicht mehr angestrebt werden.

2.3. Qualitativer Verlauf der transformierten Hodographen

Die in diesem Abschnitt gemachten Untersuchungen haben das Ziel, von den Lösungskurven der transformierten Hodographengleichung (2.1.1) Eigenschaften festzustellen, deren Kenntnis einen Überblick über den globalen Verlauf dieser Lösungskurven möglich macht.

Eine Lösungskurve von (2.1.1) ist die s-Achse; sie ist die Koordinatenlinie $\mathring{u} = 0$. Die im Endlichen liegenden singulären Punkte von (2.1.1) sind die Punkte, deren Koordinaten die reellen Lösungen des Gleichungssystems

$$f(r) = s - g(r) = 0$$

sind; es sind dies die Punkte $P_i(r_i, s_i)$ $(i = 1, 2)$ mit

$$r_1 = -\sqrt[3]{\frac{3}{\sin\alpha}}, \quad s_1 = -\frac{27}{5}\sqrt[3]{9}\,\frac{\cos\alpha}{\sqrt[3]{\sin^2\alpha}},$$

$$r_2 = \sqrt[3]{\frac{3}{2\sin\alpha}}, \quad s_2 = \frac{18}{5}\sqrt[3]{18}\,\frac{\cos\alpha}{\sqrt[3]{\sin^2\alpha}}.$$

Der Punkt P_1 ist der Ursprung des in 2.1 diskutierten $(\mathring{u}, \vartheta)$-Polarkoordinatensystems; er gehört zum Wert $\mathring{u} = \infty$. Dem Punkt P_2 entsprechen die Wertepaare $\mathring{u} = 1$, $\vartheta = \frac{\pi}{2} - \alpha + 2n\pi$ $(n = 0, \pm 1, \pm 2, \ldots)$.

Um das Verhalten der Lösungskurven von (2.1.1) in der Umgebung der Punkte P_i $(i = 1, 2)$ zu ermitteln, wird

$$\left.\begin{aligned} r^3 f(r) &= \sum_{n=1}^{12} a_{in}(r - r_i)^n, \\ r^3\big(s - g(r)\big) &= \sum_{n=1}^{8} b_{in}(r - r_i)^n + (s - s_i)\sum_{n=0}^{3} c_{in}(r - r_i)^n \end{aligned}\right\} \quad (2.3.1)$$

geschrieben mit

$$\left.\begin{aligned} a_{i1} &= -81\sin\alpha\, r_i^2 + 108\,(3\cos^2\alpha - 1)\, r_i^5 \\ &\quad - 108\sin\alpha\cos^2\alpha\, r_i^8 - 96\sin^2\alpha\cos^2\alpha\, r_i^{11}, \\ b_{i1} &= -6\cos\alpha\, r_i^4 - 14\sin\alpha\cos\alpha\, r_i^7, \\ c_{i0} &= r_i^3. \end{aligned}\right\} \quad (2.3.2)$$

Der Punkt P_1 ist ein Strudelpunkt, dem sich die Lösungskurven beim Umlauf im Uhrzeigersinn asymptotisch nähern.

Man hat nämlich

$$a_{11} = -\frac{729}{r_1}(1 + 4\cot^2\alpha), \quad b_{11} = -108\, r_1\cot\alpha, \quad c_{10} = -\frac{3}{\sin\alpha}.$$

Daraus folgen die Ungleichungen

$$b_{11} \cdot 0 - a_{11} c_{10} > 0 , \quad (b_{11} - 0)^2 + 4 a_{11} c_{10} < 0 , \quad b_{11} + 0 > 0 ,$$

welche die analytische Kennzeichnung eines Strudelpunktes sind ([10], S. 46). Der angegebene Windungssinn der Lösungskurven ergibt sich aus dem Sachverhalt, daß $\lim\limits_{r \to r_1} \left(\frac{ds}{dr}\right)_{s=s_1} = \frac{a_{11}}{b_{11}}$ einen positiven Wert hat.

Der Punkt P_2 ist im Fall $\arcsin \frac{1}{3} < \alpha < \frac{\pi}{2}$ *ein Strudelpunkt, dem sich die Lösungskurven beim Umlauf im Uhrzeigersinn asymptotisch nähern, im Fall* $0 < \alpha < \arcsin \frac{1}{3}$ *ein zweitangentiger Knotenpunkt und im Fall* $\alpha = \arcsin \frac{1}{3}$ *ein eintangentiger Knotenpunkt*[1]).

Man hat nämlich

$$a_{21} = -\frac{729}{2 r_2 \sin^2 \alpha} , \quad b_{21} = -\frac{81}{2} r_2 \cot \alpha , \quad c_{20} = \frac{3}{2 \sin \alpha} .$$

Daraus folgen die Ungleichungen

$$b_{21} \cdot 0 - a_{21} c_{20} > 0 ,$$

$$(b_{21} - 0)^2 + 4 a_{21} c_{20} \begin{cases} < 0 , \ b_{21} + 0 > 0 & \text{für} \quad \arcsin \frac{1}{3} < \alpha < \frac{\pi}{2} , \\ > 0 & \text{für} \quad 0 < \alpha < \arcsin \frac{1}{3} , \\ = 0 , \ |a_{21}| + |c_{20}| > 0 & \text{für} \quad \alpha = \arcsin \frac{1}{3} , \end{cases}$$

welche die analytische Kennzeichnung eines Strudelpunktes bzw. zwei- bzw. eintangentigen Knotenpunktes sind ([10], S. 45). Ist P_2 Strudelpunkt, so ergibt sich der Windungssinn der Lösungskurven aus dem Sachverhalt, daß $\lim\limits_{r \to r_2} \left(\frac{ds}{dr}\right)_{s=s_2} = \frac{a_{21}}{b_{21}}$ einen positiven Wert hat.

Im Fall $0 < \alpha \leqq \arcsin \frac{1}{3}$ hat die Gleichung

$$m = \frac{a_{21}}{b_{21} + c_{20} m}$$

die Lösungen

$$\begin{aligned} m_\varepsilon &= \frac{9}{2} r_2 \left(3 \cos \alpha + \varepsilon \sqrt{1 - 9 \sin^2 \alpha}\right) \\ &= \frac{1}{2} \left(g'(r_2) + \varepsilon \cdot 9 r_2 \sqrt{1 - 9 \sin^2 \alpha}\right) \quad (\varepsilon = \pm 1) , \end{aligned} \tag{2.3.3}$$

wobei m_- im Fall $0 < \alpha < \arcsin \frac{1}{3}$ bei dem Gleichungssystem

$$\begin{aligned} b_{21} r + c_{20} s &= \lambda r , \\ a_{21} r \qquad &= \lambda s , \end{aligned}$$

[1]) Es liegt arcsin 1/3 zwischen 19°28′16″ und 19°28′17″.

welches als Eigenwerte die λ-Werte $\lambda_\varepsilon = -\frac{3}{2 \sin \alpha} m_{-\varepsilon}$ hat, die Steigung der zu dem betraglich größeren Eigenwert λ_- gehörigen Eigenrichtung in der (r, s)-Ebene ist. Das läßt erkennen, daß dann, wenn P_2 zweitangentiger Knotenpunkt ist, genau zwei Lösungskurven mit der Steigung m_-, alle anderen Lösungskurven aber mit der Steigung m_+ in P_2 einmünden, wobei gemäß (2.3.3) die Ungleichungen $g'(r_2) > m_+ > m_- > 0$ gelten ([10], S. 607). Wenn P_2 eintangentiger Knotenpunkt ist, so münden alle Lösungskurven in P_2 mit der Steigung $\frac{1}{2} g'(r_2) = 9 r_2 \sqrt{2}$ ein.

Es erhebt sich die Frage, ob (2.1.1) *geschlossene Lösungskurven* hat. Eine geschlossene Lösungskurve müßte entweder den Punkt P_1 oder den Punkt P_2 in ihrem Innern enthalten. Es sei entweder $i = 1$ oder $i = 2$ und s_{i1} eine der Ungleichung $s_{i1} < s_i$ genügende Zahl. Die von dem Punkt Q_{i1} (r_i, s_{i1}) ausgehende Lösungskurve von (2.1.1) verläuft nach links hin über einen Punkt Q_{i2} $(r_{i2}, g(r_{i2}))$, $r_{i2} < r_i$, zu einem Punkt $Q_{i3}(r_i, s_{i3})$, $s_{i3} > s_i$, und von dort weiter über einen Punkt Q_{i4} $(r_{i4}, g(r_{i4}))$, $r_{i4} > r_i$, zu einem Punkt $Q_{i5}(r_i, s_{i5})$, $s_{i5} < s_i$ (Abb. 5).

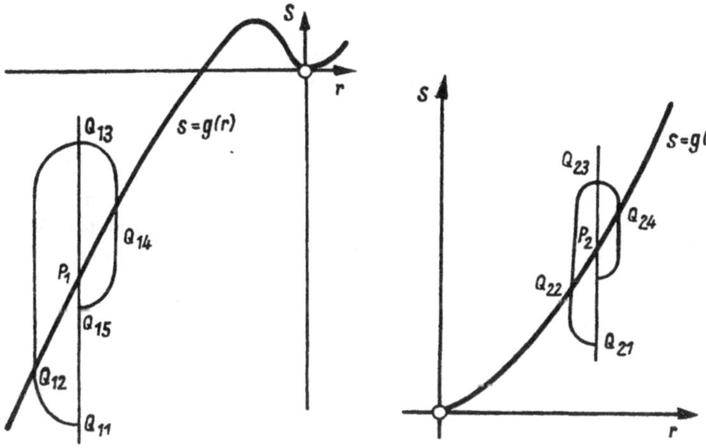

Abb. 5. Verlauf der Lösungskurven in der Umgebung von P_1 und P_2 (nicht maßstabgetreu)

Die Tangente an die Lösungskurve verläuft in Q_{i1} und Q_{i3} parallel der r-Achse und in Q_{i2} und Q_{i4} parallel der s-Achse. Das von Q_{i1} nach Q_{i5} verlaufende Stück der betrachteten Lösungskurve sei D_i, das von Q_{i1} nach Q_{i5} verlaufende Stück der Ordinatenlinie $r = r_i$ sei E_i. Gemäß der Tatsache, daß längs D_i die Gleichung

$$g(r)\, ds = s\, ds - f(r)\, dr$$

gilt und auf der rechten Seite dieser Gleichung ein vollständiges Differential steht, hat man dann die Beziehung

$$\begin{aligned} \int_{D_i} g(r)\, ds &= \int_{D_i} \bigl(s\, ds - f(r)\, dr\bigr) \\ &= \int_{E_i} \bigl(s\, ds - f(r)\, dr\bigr) = \frac{1}{2} (s_{i5}^2 - s_{i1}^2) . \end{aligned} \tag{2.3.4}$$

Bei einer geschlossenen Lösungskurve hätte man nun $s_{i5} = s_{i1}$ und somit gemäß (2.3.4) den Sachverhalt, daß der Wert des Integrals $\int g(r)\,ds$, genommen längs dem von Q_{i1} über Q_{i2} nach Q_{i3} sich erstreckenden Teil der Lösungskurve, gleich ist dem Wert dieses Integrals, genommen längs dem von Q_{i1} über Q_{i4} nach Q_{i3} sich erstreckenden Teil der Lösungskurve. Das jedoch kann nicht sein, da bei der Funktion $s = g(r)$ (Abb. 6), deren reelle Nullstellen die doppelte Nullstelle $r = 0$ und die einfache Nullstelle

$r = -\sqrt[3]{\dfrac{15}{14 \sin\alpha}}$ und deren einzige Extremwertstellen die Maximumstelle

$r = -\sqrt[3]{\dfrac{3}{7 \sin\alpha}}$ mit dem Wert $s = \dfrac{9}{35}\sqrt[3]{63}\,\dfrac{\cos\alpha}{\sqrt[3]{\sin^2\alpha}}$ und die Minimumstelle $r = 0$

sind, die Vorzeichengleichung

$$\operatorname{sgn}\big(g(r) - s_i\big) = \operatorname{sgn}(r - r_i) \qquad (i = 1, 2)$$

besteht. Die Annahme einer geschlossenen Lösungskurve führt somit zu einem Widerspruch, und man kann feststellen: *Geschlossene Lösungskurven sind bei (2.1.1) nicht vorhanden.* Als Folge davon ergibt sich, daß die Schnittpunkte einer Lösungskurve mit der Kurve $s = g(r)$ keinen Häufungspunkt im Endlichen haben; durch einen solchen Häufungspunkt nämlich müßte eine geschlossene Lösungskurve gehen.

Geht $\dfrac{1}{\mathring{u}^2}\cos\vartheta - \dfrac{1}{3}\sin\alpha$ gegen $\varepsilon\, 0$ $(\varepsilon = \pm 1)$, so strebt r gegen $\varepsilon\,\infty$. Da die (r, s)-Ebene zur Untersuchung der Hodographen dann nicht brauchbar ist, wird in diesem Fall das Wertepaar σ, p eingeführt, welches mit den Wertepaaren $\mathring{u}$, ϑ und r, s, umkehrbar eindeutig durch die Transformationen

$$\left.\begin{aligned} \sigma &= \frac{9}{\mathring{u}^2}\cos\vartheta - 3\sin\alpha = \frac{9}{r^3}, \\ p &= \frac{9}{\mathring{u}^2}\sin\vartheta - 6\cos\alpha = \frac{s}{r^2} - 3\cos\alpha - \frac{4}{5}\sin\alpha\cos\alpha\, r^3 \end{aligned}\right\} \qquad (2.3.5)$$

verbunden ist. Strebt r gegen $\varepsilon\,\infty$ $(\varepsilon = \pm 1)$, so strebt σ gegen $\varepsilon\, 0$. Die Gleichung $s = g(r)$ wird in die Gleichung $p = \dfrac{18 \sin\alpha\cos\alpha}{\sigma}$ transformiert. Die Hodographengleichung erhält die Form

$$\frac{dp}{d\sigma} = \frac{18\,(1 - 3\cos^2\alpha) + 3\sin\alpha\,\sigma - \sigma^2 + 6\cos\alpha\, p + 2\,p^2}{3\,\sigma\, p - 54\sin\alpha\cos\alpha}. \qquad (2.3.6)$$

Die Differentialgleichung (2.3.6) ist in der Umgebung des für sie regulären Wertes $\sigma = 0$ zu untersuchen. Für den Grenzfall, daß p bei $\sigma = 0$ einen unendlich großen Betrag hat, wird

$$p = \frac{1}{q} \qquad (2.3.7)$$

gesetzt. Man erhält dann die Hodographengleichung in der Gestalt

$$\frac{dq}{d\sigma} = \frac{2\,q + 6\cos\alpha\, q^2 + [18\,(1 - 3\cos^2\alpha) + 3\sin\alpha\,\sigma - \sigma^2]\,q^3}{54\sin\alpha\cos\alpha\, q - 3\,\sigma}, \qquad (2.3.8)$$

welche in der Umgebung des für sie singulären Wertepaares $\sigma = 0$, $q = 0$ zu untersuchen ist. Es ist

$$(-3) \cdot 2 - 54 \sin\alpha \cos\alpha \cdot 0 < 0 \,, \; (-3 - 2)^2 + 4 \cdot 54 \sin\alpha \cos\alpha \cdot 0 > 0 \,,$$

was bedeutet, daß bei geometrischer Darstellung der Wertepaare σ, q als Punkte eines rechtwinkligen cartesischen (σ, q)-Koordinatensystems *der Punkt* $\sigma = 0$, $q = 0$ *für die Lösungskurven von (2.3.8) ein Sattelpunkt ist* ([10], S. 45). Die eine durch den Sattelpunkt gehende Lösungskurve ist die σ-Achse, welche (2.3.5) und (2.3.7) zufolge auf das Wertepaar $\mathring{u} = 0$, $\vartheta = (2n + 1)\frac{\pi}{2}$ $(n = 0, \pm 1, \pm 2, \ldots)$ führt und daher für die Aerodynamik des Skifluges uninteressant ist. Die andere Lösungskurve hat eine Steigung $\widetilde{m}$, welche als die von Null verschiedene Lösung der Gleichung

$$\widetilde{m} = \frac{2\,\widetilde{m}}{54 \sin\alpha \cos\alpha\, \widetilde{m} - 3}$$

den positiven Wert

$$\widetilde{m} = \frac{5}{54 \sin\alpha \cos\alpha} \tag{2.3.9}$$

hat.

Auf Grund der bisherigen Feststellungen über die transformierten Hodographen ist es nunmehr möglich, deren globalen Verlauf in der (r, s)-Ebene zu erkennen. Abb. 7 zeigt diesen Verlauf. Die Betrachtung der Abb. 7 liefert in Verbindung damit, daß die durch den Ursprung der (σ, q)-Ebene gehende Lösungskurve zu den uneigentlichen Wertepaaren $r = \varepsilon\,\infty$, $p = \varepsilon\,\infty$ $(\varepsilon = \pm 1)$ gehört, folgende wichtige Einsicht: Die durch den Ursprung der (σ, q)-Ebene gehende Lösungskurve gehe, in der (r, s)-Ebene von $r = -\infty$ bis zur Abszisse $r = r_1$ fortgesetzt, durch den Punkt (r_1, s_1^*), $s_1^* > s_1$. Dann schneiden die durch die Punkte (r_1, s) gehenden transformierten Hodographen in ihrem von (r_1, s) aus nach links hin gehenden Verlauf die Ordinatenlinie $r = r_1$ nicht mehr oder noch mindestens zweimal, je nachdem $s \geqq s_1^*$ oder $s < s_1^*$ ist. Eine analoge Feststellung kann, falls P_2 Strudelpunkt ist, auch hinsichtlich des Verhaltens der transformierten Hodographen in dem Teil $r > 0$ der (r, s)-Ebene getroffen werden. Wenn P_2 eintangentiger Knotenpunkt ist, dann hat jeder von der Seite $r > r_2$ her in P_2 einmündende transformierte Hodograph die Eigenschaft, die Ordinatenlinie $r = r_2$ zweimal zu schneiden und oberhalb der durch den Ursprung der (σ, q)-Ebene gehenden, in der (r, s)-Ebene nach P_2 hin fortgesetzten Lösungskurve in P_2 einzumünden. Ist P_2 zweitangentiger Knotenpunkt, so schneidet ein von der Seite $r > r_2$ her in P_2 einmündender transformierter Hodograph die Ordinanatenlinie $r = r_2$ zweimal oder überhaupt nicht, je nachdem er oberhalb oder unterhalb der durch den Ursprung der (σ, q)-Ebene gehenden, in der (r, s)-Ebene nach P_2 hin fortgesetzten Lösungskurve in P_2 einmündet.

Für eine genaue Ermittlung des Verlaufs der Lösungskurven von (2.1.1) ist die Kenntnis der Wendepunkte dieser Kurven wichtig. Aus (2.1.1) folgt

$$\frac{d^2s}{dr^2} = \frac{f'(r)}{s - g(r)} + \frac{f(r)\,g'(r)}{(s - g(r))^2} - \frac{f(r)^2}{(s - g(r))^3} \tag{2.3.10}$$

und daraus

$$(s - g(r))^3 \frac{d^2s}{dr^2} = f'(r)\,s^2 + \big(f(r)\,g'(r) - 2\,f'(r)\,g(r)\big)\,s + f'(r)\,g(r)^2 - f(r)\,g(r)\,g'(r) - f(r)^2 \,.$$

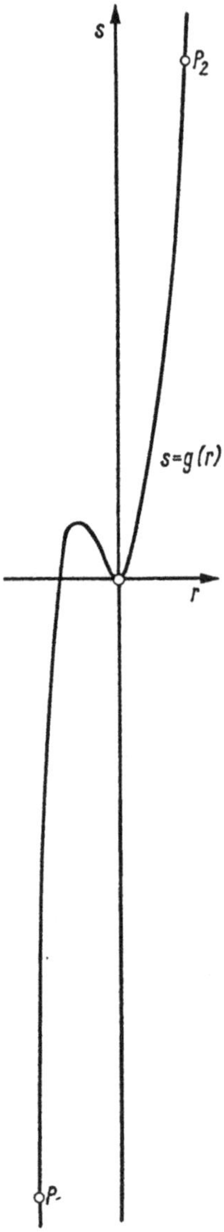

Abb. 6. Maßstabgetreues cartesisches Bild der Funktion $s = g(r)$ für $\alpha = 38°$

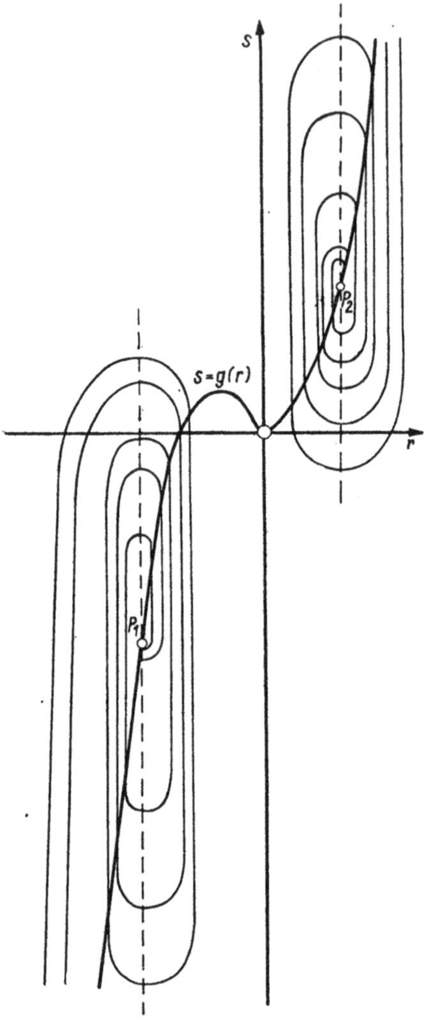

Fall 1: $\arcsin \frac{1}{3} < \alpha < \frac{\pi}{2}$

Abb. 7

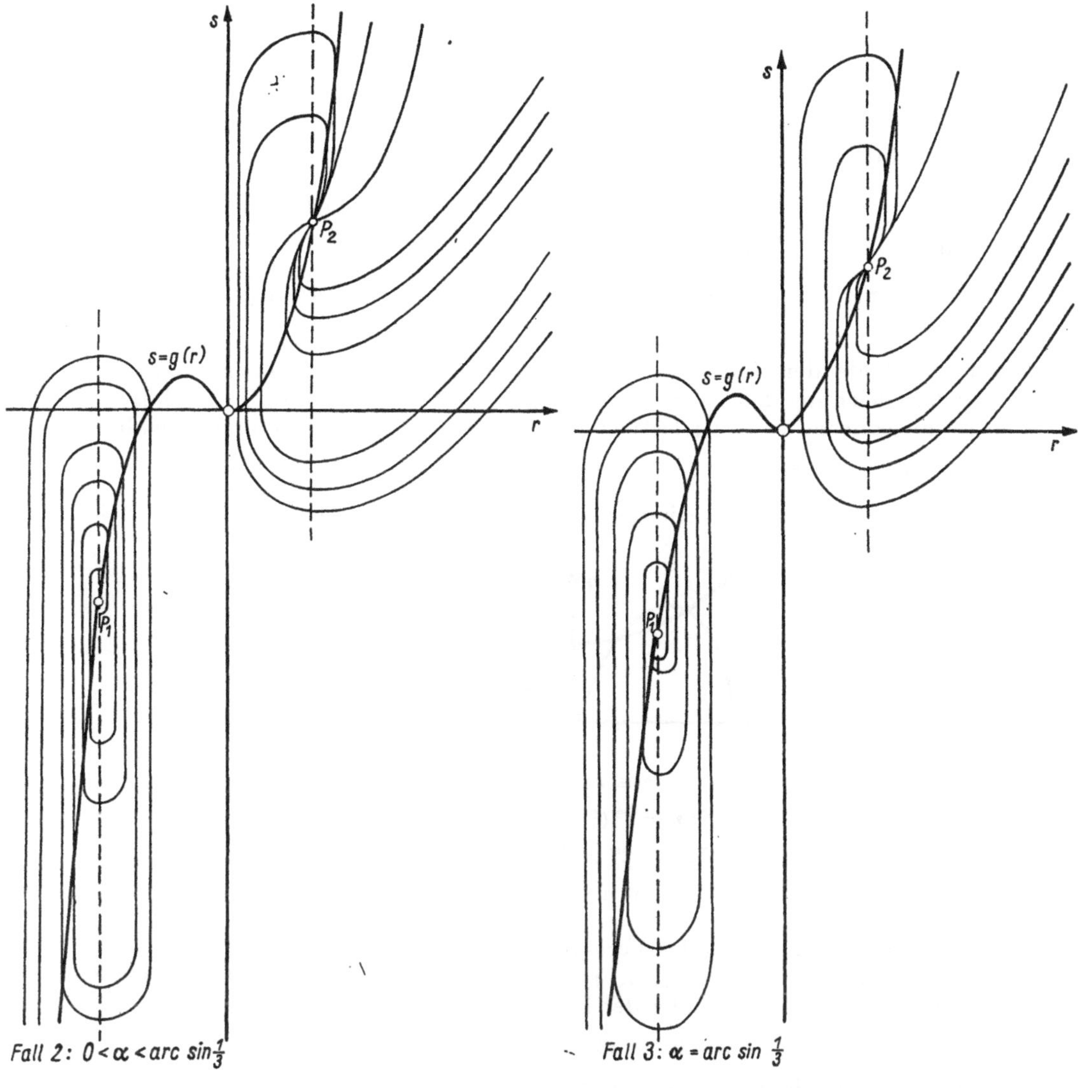

Abb. 7. Globaler Verlauf der transformierten Hodographen (nicht maßstabgetreu)

Fall 1: arcsin 1/3 $< \alpha < \pi/2$

Fall 2: $0 < \alpha <$ arcsin 1/3,

Fall 3: $\alpha =$ arcsin 1/3

Die Koordinaten der Wendepunkte der Lösungskurven von (2.1.1) genügen somit für Werte r, bei denen $f'(r)$ von Null verschieden ist, der Gleichung

$$s = g(r) - \frac{f(r)}{2f'(r)}\left(g'(r) \pm \sqrt{4f'(r) + g'(r)^2}\right) \qquad (2.3.11)$$

und für Werte r, die Nullstellen von $f'(r)$ sind, der Gleichung

$$s = g(r) + \frac{f(r)}{g'(r)}\,^{1)} . \tag{2.3.12}$$

Es ist

$$4\,f'(r) + g'(r)^2 = -\frac{1}{r^4}\,[972 + 36\,(6 - 19\cos^2\alpha)\,r^6$$

$$+ 120\sin\alpha\cos^2\alpha\,r^9 + 92\sin^2\alpha\cos^2\alpha\,r^{12}]\,,$$

und mit $\xi = r^3 \sin\alpha$ hat man

$$r^4\,\big(4\,f'(r) + g'(r)^2\big) = 4\cot^2\alpha\,[\xi^2\,(\xi + 3)\,(39 - 23\,\xi) - 27\tan^2\alpha\,(2\,\xi^2 + 9)]\,. \tag{2.3.13}$$

Die rechte Seite der Gleichung (2.3.11) ist genau dann reellwertig, wenn die Seiten der Gleichung (2.3.13) größer oder gleich Null sind. Daraus folgt, daß bei den Lösungskurven von (2.1.1) Wendepunkte höchstens über den r-Intervallen liegen können, welche den ξ-Intervallen $-3 < \xi < 0$, $0 < \xi < 1\frac{16}{23}$ entsprechen. Der genaue Definitionsbereich der s als Funktion von r bestimmenden Glei-

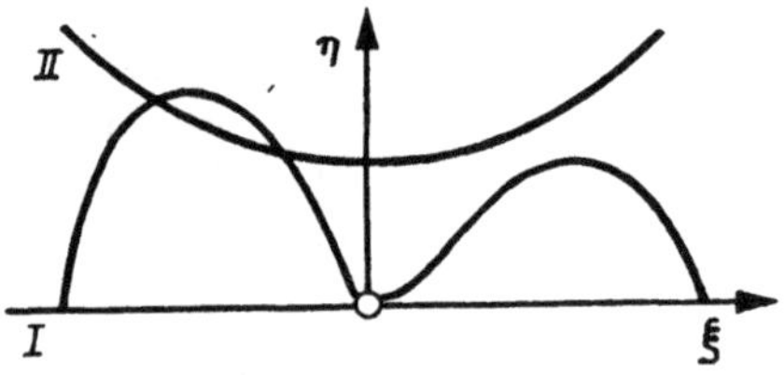

Abb. 8. Cartesische Bilder der Funktionen
I: $\eta = \xi^2\,(\xi + 3)\,(39 - 23\,\xi)$,
II: $\eta = 27\tan^2\alpha\,(2\,\xi^2 + 9)$
(nicht maßstabgetreu)

chung (2.3.11) sind, mittels der Veränderlichen ξ ausgedrückt, die ξ-Intervalle, bei denen die rechte Seite von (2.3.13) größer oder gleich Null ist. Die in Abb. 8 gezeichneten cartesischen Bilder der Funktionen

$$\eta = \xi^2\,(\xi + 3)\,(39 - 23\,\xi)\,, \quad \eta = 27\tan^2\alpha\,(2\,\xi^2 + 9)$$

lassen diesbezüglich den folgenden Sachverhalt erkennen: Durchläuft α das offene Intervall von 0 bis $\frac{\pi}{2}$, so ist die rechte Seite von (2.3.13) nichtnegativ erst in einem Intervall positiver und einem Intervall negativer ξ-Werte, dann allein in einem Intervall negativer ξ-Werte und schließlich für keinen ξ-Wert mehr. Die Enden der ebengenannten Intervalle sind die reellen Wurzeln der für ξ algebraischen Gleichung

$$\xi^2\,(\xi + 3)\,(39 - 23\,\xi) - 27\tan^2\alpha\,(2\,\xi^2 + 9) = 0\,, \tag{2.3.14}$$

[1]) Bei den r-Werten, welche Nullstellen von $f'(r)$ sind, ist $f(r)$ von Null verschieden.

welche durch die Transformation

$$\zeta = \frac{9}{\xi}, \quad \mu = \frac{1}{2}\cot^2\alpha$$

in die für ζ algebraische Gleichung

$$\zeta^4 + 6\,(3 - 13\,\mu)\,\zeta^2 + 180\,\mu\,\zeta + 1242\,\mu = 0 \tag{2.3.15}$$

übergeht, deren linke Seite die Diskriminante

$$D = 2^8 \cdot 3^9\,\mu\,(414 - 20022\,\mu + 276662\,\mu^2 - 476927\,\mu^3 + 158184\,\mu^4)$$

hat. Es hat D als Funktion von μ zwei positive Nullstellen μ', μ'', die in den Intervallen $\left(\frac{1}{2}\,;\,1\right)$ bzw. $(2\,;\,3)$ liegen; für $\mu > \mu''$ und $\mu \in (0\,;\,\mu')$ hat D positive, für $\mu \in (\mu'\,;\,\mu'')$ negative Werte. Das bedeutet, daß die Gleichung (2.3.15) zwei positive und zwei negative Wurzeln oder als reellwertige Wurzeln allein zwei negative Wurzeln oder keine reelle Wurzel hat, je nachdem für μ die Ungleichungen $\mu > \mu''$, $\mu'' > \mu > \mu'$ oder $\mu' > \mu > 0$ gelten, und dasselbe gilt auch für die Gleichung (2.3.14).

Zu den Nullstellen der Funktion $f'(r)$ ist zu sagen, daß sie wegen

$$-\frac{r^4}{9}\,f'(r) = 27 + 6\,(1 - 2\cot^2\alpha)\,\xi^2 + 8\cot^2\alpha\,\xi^3 + 8\cot^2\alpha\,\xi^4 \qquad (\xi = r^3\sin\alpha)$$

den Wurzeln der für ξ algebraischen Gleichung

$$\xi^2\,(\xi + 3)\,(39 - 23\,\xi) - \xi^2\,(3 + 7\,\xi)^2 - 27\tan^2\alpha\,(2\,\xi^2 + 9) = 0 \tag{2.3.16}$$

entsprechen. Die in Abb. 9 gezeichneten cartesischen Bilder der Funktionen

$$\eta = \xi^2\,(\xi + 3)\,(39 - 23\,\xi) - \xi^2\,(3 + 7\,\xi)^2\,, \quad \eta = 27\tan^2\alpha\,(2\,\xi^2 + 9)$$

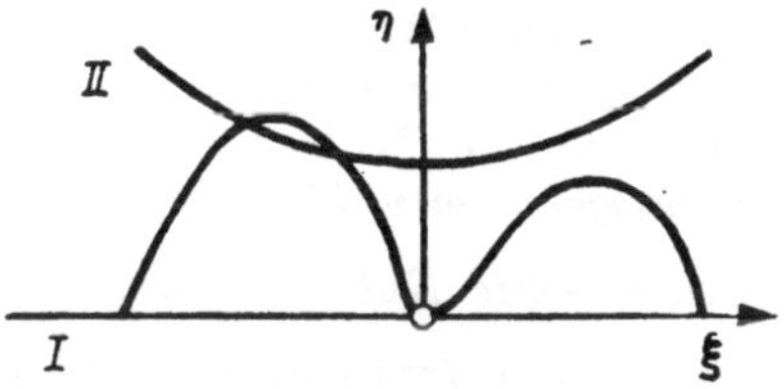

Abb. 9. Cartesische Bilder der Funktionen
I: $\eta = \xi^2\,(\xi + 3)\,(39 - 23\,\xi) - \xi^2\,(3 + 7\,\xi)^2$,
II: $\eta = 27\tan^2\alpha\,(2\,\xi + 9)$
(nicht maßstabgestreu)

lassen erkennen, daß dann, wenn α das offene Intervall von 0 bis $\frac{\pi}{2}$ durchläuft die Gleichung (2.3.16) zuerst zwei positive und zwei negative Wurzeln und schließlich keine reelle Wurzel mehr hat. Nach der Transformation

$$\zeta_1 = \frac{3}{\xi}, \quad \mu_1 = 4\cot^2\alpha$$

geht (2.3.16) in die für ζ_1 algebraische Gleichung

$$\zeta_1^4 + (2 - \mu_1)\,\zeta_1^2 + 2\,\mu_1\,\zeta_1 + 6\,\mu_1 = 0 \tag{2.3.17}$$

über, deren linke Seite die Diskriminante

$$D_1 = 16\,\mu_1\,(96 - 1352\,\mu_1 + 5196\,\mu_1^2 - 585\,\mu_1^3 + 7\,\mu_1^4)$$

hat. Es hat D_1 als Funktion von μ_1 zwei positive Nullstellen μ_1', μ_1'', die in den Intervallen (9; 10) bzw. (73; 74) liegen; für $\mu_1 > \mu_1''$ und $\mu_1 \in (0; \mu_1')$ hat D_1 positive, für $\mu \in (\mu_1'; \mu_1'')$ negative Werte. Das bedeutet, daß die Gleichung (2.3.17) zwei positive und zwei negative Wurzeln oder als reellwertige Wurzeln allein zwei negative Wurzeln oder keine reelle Wurzel hat, ja nachdem für μ_1 die Ungleichungen $\mu_1 > \mu_1''$, $\mu_1'' > \mu_1 > \mu_1'$ oder $\mu_1' > \mu_1 > 0$ gelten, und dasselbe gilt auch für die Gleichung (2.3.16).

Ein auf der Kurve (2.3.11), (2.3.12) liegender, von den Punkten P_i $(i = 1, 2)$ verschiedener Punkt ist gewiß dann Wendepunkt der durch ihn gehenden Lösungskurve von (2.1.1), wenn für ihn der aus (2.3.10) unter Berücksichtigung von (2.1.1) berechnete Wert

$$\frac{d^3s}{dr^3} = \frac{f''(r)}{s - g(r)} + \frac{f(r)\,g''(r) + 2\,f'(r)\,g'(r)}{(s - g(r))^2} + \frac{(2\,g'(r)^2 - 3\,f'(r))\,f(r)}{(s - g(r))^3}$$
$$- \frac{5\,f(r)^2\,g'(r)}{(s - g(r))^4} + \frac{3\,f(r)^3}{(s - g(r))^5} \tag{2.3.18}$$

von Null verschieden ist. Es verschwinden die gemäß (2.3.10) und (2.3.18) berechneten Werte $\frac{d^2s}{dr^2}$, $\frac{d^3s}{dr^3}$ genau bei den r-Werten, bei denen die bezüglich $\frac{1}{s - g(r)}$ gebildete Resultante der auf den rechten Seiten der Gleichungen (2.3.10) und (2.3.18) stehenden Polynome von $\frac{1}{s - g(r)}$ den Wert Null hat. Da dieser Sachverhalt für höchstens endlich viele r-Werte besteht, kommt man schließlich zu dem folgenden Ergebnis: *Die Gesamtheit der Wendepunkte der transformierten Hodographen besteht aus den von den Punkten P_1, P_2 verschiedenen Punkten der Kurve (2.3.11), (2.3.12), ausgenommen höchstens die höchstens endlich vielen Punkte dieser Kurve, deren r-Werte Nullstellen der bezüglich $\frac{1}{s - g(r)}$ gebildeten Resultante der auf den rechten Seiten der Gleichungen (2.3.10) und (2.3.18) stehenden Polynome von $\frac{1}{s - g(r)}$ sind.*

2.4. Kinematische Betrachtungen

Das in 2.3 Gesagte bezieht sich auf die Geometrie der transformierten Hodographen. Die folgenden Betrachtungen sind mit der Zeitvariablen t als unabhängiger Veränderlicher gemachte *kinematische* Betrachtungen.

Es ist

$$\frac{dr}{dt} = \frac{\dfrac{\partial r}{\partial \mathring{u}}\,\dfrac{d\mathring{u}}{d\vartheta} + \dfrac{\partial r}{\partial \vartheta}}{\dfrac{dt}{d\vartheta}}\,.$$

Berechnet man $\frac{\partial r}{\partial \mathring{u}}$, $\frac{\partial r}{\partial \vartheta}$ aus (2.1.2) und setzt für $\frac{d\mathring{u}}{d\vartheta}$, $\frac{dt}{d\vartheta}$ die in (1.1) bzw. (1.2) stehenden Ausdrücke ein, so erhält man

$$\frac{dr}{dt} = \frac{\sqrt{g\,k}\,\mathring{u}}{9\,r}\left(s - g(r)\right) \tag{2.4.1}$$

und daraus wegen (2.1.1) die Gleichung

$$\frac{ds}{dt} = \frac{\sqrt{g\,k}\,\mathring{u}}{9\,r} f(r)\,, \tag{2.4.2}$$

wo für $\mathring{u}$ der Wert

$$\mathring{u} = 1\Big/\sqrt[4]{\left(\frac{1}{r^3} + \frac{1}{3}\sin\alpha\right)^2 + \left(\frac{s}{9\,r^2} + \frac{1}{3}\cos\alpha - \frac{4}{45}\sin\alpha\cos\alpha\, r^3\right)^2} \tag{2.4.3}$$

zu setzen ist[1]). Eine Bewegung des fliegenden Skispringers ist in der (r, s)-Ebene durch die Bewegung längs eines Hodographen gekennzeichnet. Da $\frac{\sqrt{g\,k}\,\mathring{u}}{9\,r}$ bei positiven Werten von r positive und bei negativen Werten von r negative Werte hat, verläuft die den Gleichungen (2.4.1), (2.4.2) entsprechende Bewegung längs eines transformierten Hodographen mit wachsendem t in der Halbebene $r < 0$ monoton von dem Punkt P_1 weg und in der Halbebene $r > 0$ monoton zu dem Punkt P_2 hin.

Für die Analyse der Bewegung längs der transformierten Hodographen bei unendlich großem r ist Ausgangspunkt die mit Benutzung von (2.3.5) aus (2.4.1) zu erhaltende Gleichung

$$\frac{d\sigma}{dt} = \frac{\sqrt{g\,k}}{\sqrt[4]{(3\sin\alpha + \sigma)^2 + (6\cos\alpha + p)^2}}\,(18\sin\alpha\cos\alpha - \sigma\,p)\,, \tag{2.4.4}$$

bei der p eine Lösung von (2.3.6) ist oder für den Fall, daß $q = \frac{1}{p}$ bei $\sigma = 0$ verschwindet, bei der $\sigma\,p$ gleich dem Wert $\frac{\sigma}{q}$ ist, welcher zu der durch den Ursprung des (σ, q)-Systems gehenden Lösung von (2.3.8) gehört. Gemäß (2.4.4) ergibt sich

$$\left(\frac{d\sigma}{dt}\right)_{\sigma=0} = \frac{18\sqrt{g\,k}\sin\alpha\cos\alpha}{\sqrt[4]{9\sin^2\alpha + (6\cos\alpha + p)^2}}\,,$$

und diese Formel gilt, einerlei ob bei $\sigma = 0$ der Wert von p einen endlichen oder einen unendlichen Betrag hat. Es hat $\frac{d\sigma}{dt}$ an der Stelle $\sigma = 0$ einen positiven Wert mit der alleinigen Ausnahme des durch den Nullpunkt des (σ, q)-Systems gehenden Hodographen, für den $\frac{d\sigma}{dt}$ bei $\sigma = 0$ verschwindet. Diesem letzteren Hodographen entsprechen bei $\sigma = \varepsilon\,0$ $(\varepsilon = \pm 1)$, d. h. dann, wenn r gegen $\varepsilon\,\infty$ geht, gemäß (2.3.5) die Werte $\mathring{u} = 0$, $\vartheta = \left(2\,n + \frac{\varepsilon}{2}\right)\pi - \varepsilon\,0$ $(n = 0, \pm 1, \pm 2, \ldots)$.

Die bisher in 2.4 erhaltenen Ergebnisse berechtigen zu den folgenden Feststellungen: Einer Bewegung des fliegenden Skispringers entspricht in der (r, s)-

[1]) Man kann $dr : ds : dt = (s - g(r)) : f(r) : \frac{9\,r}{\sqrt{g\,k}\,\mathring{u}}$ schreiben.

Ebene die *monotone Durchlaufung* eines transformierten Hodographen, ausgehend von einem Anfangspunkt $P_0(r_0, s_0)$ $(r_0 \gtrless 0)$; in den Fällen $r_0 > 0$, $r_0 = \infty$ geht die Durchlaufung von P_0 aus in der Richtung zum Punkt P_2 hin, im Fall $r_0 < 0$ geht sie von P_0 zu dem im dritten Quadranten liegenden unendlich fernen Punkt des transformierten Hodographen und verläuft dann weiter von dem zu diesem unendlich fernen Punkt bezüglich des Nullpunktes spiegelbildlich gelegenen unendlich fernen Punkt zum Punkt P_2 hin. Eine Ausnahme bildet die Durchlaufung des durch den Nullpunkt des (σ, q)-Systems gehenden transformierten Hodographen der (r, s)-Ebene im Fall $r_0 < 0$: Die Durchlaufung dieses transformierten Hodographen erfolgt von P_0 ausgehend monoton bis zu dem im dritten Quadranten liegenden unendlich fernen Punkt und endet dort mit den Werten $\mathring{u} = 0$, $\vartheta = -\frac{\pi}{2}$, was ein Scheitern des Skifluges bedeutet. Abgesehen von der ebengenannten Ausnahme nähert sich jede Bewegung längs eines transformierten Hodographen dem Punkt P_2 asymptotisch für $t \to \infty$; erreicht wird P_2 nur von der Bewegung $\mathring{u} = \mathring{u}(t) \equiv 1$, $\vartheta = \vartheta(t) \equiv \frac{\pi}{2} - \alpha$, welche einem Verbleiben auf dem Punkt P_2 entspricht.

Zum Scheitern verurteilt ist nicht nur ein Skiflug, dem in der (r, s)-Ebene die Durchlaufung des als Ausnahme genannten transformierten Hodographen bis zum Ursprung des (σ, q)-Systems hin entspricht, zum Scheitern verurteilt ist auch jeder Skiflug, dem in der (r, s)-Ebene eine Bewegung entspricht, welche durch die aus den $\mathring{u}$-Linien $\vartheta = \frac{\pi}{2} + 2n\pi$ und $\vartheta = -\frac{\pi}{2} + 2n\pi$ $(n = 0, \pm 1, \pm 2, \ldots)$ bestehende Ordinatenlinie $r = r_1$ hindurchgeht. Es darf des weiteren die einem Skiflug entsprechende Bewegung längs eines transformierten Hodographen über keinen Punkt gehen, dessen r-Koordinate dem Intervall $(r_1; 0)$ angehört. Es wird nämlich der über diesem r-Intervall liegende, zur s-Achse parallele Streifen der (r, s)-Ebene genau von den $\mathring{u}$-Linien überdeckt, welche zu den für den Skiflug unzulässigen ϑ-Werten in den Intervallen $\left(\frac{\pi}{2} + 2n\pi; \frac{3\pi}{2} + 2n\pi\right)$ $(n = 0, \pm 1, \pm 2, \ldots)$ gehören.

Zusammenfassend kann folgendes festgestellt werden: *Einem Skiflug darf in der (r, s)-Ebene keine Bewegung längs eines transformierten Hodographen entsprechen, welche durch den parallel der s-Achse verlaufenden Streifen $r_1 \leqq r \leqq 0$ hindurchgeht.* Hiernach erhält die in 2.3 formulierte Tatsache Bedeutung, derzufolge die durch die Punkte (r_1, s) gehenden transformierten Hodographen in ihrem von (r_1, s) aus nach links hin gehenden Verlauf die Ordinatenlinie $r = r_1$ nicht mehr oder noch mindestens zweimal schneiden, je nachdem $s \geqq s_1^*$ oder $s < s_1^*$ ist. Diesem Sachverhalt zufolge ergibt sich nämlich, daß in der (r, s)-Ebene die bei einem Punkt P_0 mit negativer r-Koordinate r_0 begonnene Bewegung längs eines transformierten Hodographen genau dann außerhalb des Streifens $r_1 \leqq r \leqq 0$ bis zum Punkt P_2 fortführbar ist, wenn der transformierte Hodograph bei $r = r_1$ durch einen Punkt geht, dessen s-Koordinate größer als s_1^* ist[1]). Die bei einem Punkt P_0 mit positivem r_0 begonnene, einem Skiflug ent-

[1]) Der Punkt mit den Koordinaten $r = r_1$, $s = s^*$ liegt auf dem durch den Nullpunkt des (σ, q)-Systems hindurchgehenden transformierten Hodographen, längs welchem die Bewegung bei $r = \infty$ endet.

sprechende Bewegung in der (r, s)-Ebene längs eines transformierten Hodographen ist stets mit im Intervall $\left(-\frac{\pi}{2}; \frac{\pi}{2}\right)$ gelegenen Werten ϑ bis zum Punkt P_2 fortführbar. In der Sportpraxis ist r_0 positiv; den in Anlehnung an [11], S. 250, für v und ϑ gewählten Anfangsdaten $v_0 = 30 \frac{\mathrm{m}}{\mathrm{sec}}$, $\vartheta_0 = 6°$ entspricht bei Zugrundelegung der in [11] verwendeten Werte $k = 0{,}0048\ \mathrm{m}^{-1}$, $\alpha = 38°$ in der (r, s)-Ebene der Punkt P_0 mit den Koordinaten $r_0 = 0{,}06$, $s_0 = 15{,}74$, während der Punkt P_2 für die transformierten Hodographen Strudelpunkt mit den Koordinaten $r_2 = 1{,}3457$, $s_2 = 10{,}2735$ ist [1]).

In der (x, y)-Ebene ist der Geschwindigkeitsvektor des Skispringers beim Flug sofort durch $v = \mathring{u}\sqrt{\frac{g}{k}}$ und ϑ gegeben. Die Koordinaten des Beschleunigungsvektors des Springers beim Flug sind $\frac{d^2x}{dt^2}, \frac{d^2y}{dt^2}$, die Winkelbeschleunigung bei der vornüber gerichteten Drehung des fliegenden Springers um dessen durch S gehende Körperquerachse ist $\frac{d\omega}{dt}$. Ausgehend von den mit $w = 0$ gebildeten Gleichungen (1.1) erhält man, indem unter $\mathring{u}$ der in (2.4.3) stehende Wert zu verstehen ist,

$$\frac{d^2x}{dt^2} = g\left(\sin\alpha \frac{s}{9r^2} - \cos\alpha \frac{1}{r^3} - \frac{4}{45}\sin^2\alpha \cos\alpha\, r^3\right)\mathring{u}^4,$$

$$\frac{d^2y}{dt^2} = g\left[1 - \left(\cos\alpha \frac{s}{9r^2} + \sin\alpha \frac{1}{r^3} + \frac{1}{3} - \frac{4}{45}\sin\alpha \cos^2\alpha\, r^3\right)\mathring{u}^4\right],$$

$$\left(\frac{d^2x}{dt^2}\right)^2 + \left(\frac{d^2y}{dt^2}\right)^2 = g^2\left[1 - 2\left(\cos\alpha \frac{s}{9r^2} + \sin\alpha \frac{1}{r^3} + \frac{1}{3} - \frac{4}{45}\sin\alpha\cos^2\alpha\, r^3\right)\mathring{u}^4 \right.$$
$$+ \left(\frac{s^2}{81 r^4} + \frac{2}{27}\cos\alpha\left(\frac{1}{r^2} - \frac{4}{45}\sin\alpha\, r\right)s + \frac{1}{r^6} + \frac{2}{3}\sin\alpha\frac{1}{r^3}\right.$$
$$\left.\left. + \frac{1}{9} - \frac{8}{135}\sin\alpha\cos^2\alpha\, r^3 + \frac{16}{2025}\sin^2\alpha\cos^2\alpha\, r^6\right)\mathring{u}^8\right],$$

$$\frac{d\omega}{dt} = \frac{lg\, m}{\Theta}\sin\alpha\, \mathring{u}^2.$$

Bei den Größen x, y, ω, t ist die Berechnung durch jeweils eine Quadratur nach r, s oder σ zweckmäßig. Die Ausgangsgleichungen für r oder s als Integrationsveränderliche erhält man, indem man mittels der Gleichungen

$$\frac{d\vartheta}{dr} = \frac{1}{\frac{dt}{d\vartheta}\frac{dr}{dt}} = \frac{\frac{9}{r^2} - 6\sin\alpha\, r}{s - g(r)}, \quad \frac{d\vartheta}{ds} = \frac{\frac{d\vartheta}{dr}}{\frac{ds}{dr}} = \frac{\frac{9}{r^2} - 6\sin\alpha\, r}{f(r)}$$

die Gleichungen (1.3) in Gleichungen für die Ableitungen von x, y, ω, t nach r

[1]) Der in [11] mit α bezeichnete Winkel ist der Komplementwinkel zu dem Winkel α in diesem Buch.

bzw. s umwandelt. Es ergeben sich auf diese Weise die Gleichungen

$$\left.\begin{aligned}
&\frac{dx}{dr} = \frac{1}{k}\,\mathring{u}^2\,\frac{\frac{9}{r^2} + 3\sin\alpha\, r}{s - g(r)},\\
&\frac{dy}{dr} = \frac{1}{k}\,\mathring{u}^2\,\frac{\frac{s}{r} + 3\cos\alpha\, r - \frac{4}{5}\sin\alpha\cos\alpha\, r^4}{s - g(r)},\\
&\frac{d\omega}{dr} = \frac{l\,m}{\Theta}\sqrt{\frac{g}{k}}\,\mathring{u}\,\frac{9\sin\alpha\, r}{s - g(r)},\quad \frac{dt}{dr} = \frac{1}{\sqrt{g\,k}\,\mathring{u}}\,\frac{9\,r}{s - g(r)}\\
&\left(\mathring{u} = 1\Big/\sqrt[4]{\left(\frac{1}{r^3} + \frac{1}{3}\sin\alpha\right)^2 + \left(\frac{s}{9\,r^2} + \frac{1}{3}\cos\alpha - \frac{4}{45}\sin\alpha\cos\alpha\, r^3\right)^2}\right)
\end{aligned}\right\}\tag{2.4.5}$$

sowie für die Ableitungen von x, y, ω, t nach s Gleichungen, deren rechte Seiten bzw. aus den rechten Seiten der Gleichungen (2.4.5) dadurch erhalten werden, daß in diesen der Nenner $s - g(r)$ durch den Nenner $f(r)$ ersetzt wird; der Zusammenhang der Veränderlichen r und s ist dabei der einer partikulären Lösung der Differentialgleichung (2.1.1). Ist σ die Integrationsveränderliche, so sind die Ausgangsgleichungen die mittels (2.3.5) und (2.3.7) aus (2.4.5) folgenden Gleichungen

$$\frac{dx}{d\sigma} = \frac{1}{3\,k}\,\mathring{u}^2\,\frac{3\sin\alpha + \sigma}{18\sin\alpha\cos\alpha - \sigma\,p} = \frac{1}{3\,k}\,\mathring{u}^2\,\frac{3\sin\alpha\, q + \sigma\, q}{18\sin\alpha\cos\alpha\, q - \sigma},$$

$$\frac{dy}{d\sigma} = \frac{1}{3\,k}\,\mathring{u}^2\,\frac{6\cos\alpha + p}{18\sin\alpha\cos\alpha - \sigma\,p} = \frac{1}{3\,k}\,\mathring{u}^2\,\frac{1 + 6\cos\alpha\, q}{18\sin\alpha\cos\alpha\, q - \sigma},$$

$$\frac{d\omega}{d\sigma} = \frac{l\,m}{\Theta}\sqrt{\frac{g}{k}}\,\mathring{u}\,\frac{3\sin\alpha}{18\sin\alpha\cos\alpha - \sigma\,p} = \frac{l\,m}{\Theta}\sqrt{\frac{g}{k}}\,\mathring{u}\,\frac{3\sin\alpha\, q}{18\sin\alpha\cos\alpha\, q - \sigma},$$

$$\frac{dt}{d\sigma} = \frac{3}{\sqrt{g\,k}\,\mathring{u}}\,\frac{1}{18\sin\alpha\cos\alpha - \sigma\,p} = \frac{3}{\sqrt{g\,k}\,\mathring{u}}\,\frac{q}{18\sin\alpha\cos\alpha\, q - \sigma}$$

$$\left(\mathring{u} = 3/\sqrt[4]{(3\sin\alpha + \sigma)^2 + (6\cos\alpha + p)^2} = 3\sqrt{|q|}/\sqrt[4]{(1 + 6\cos\alpha\, q)^2 + (3\sin\alpha\, q + \sigma\, q)^2}\right);$$

der Zusammenhang der Veränderlichen σ, p oder σ, q ist dabei der einer partikulären Lösung der Differentialgleichung (2.3.6) bzw. (2.3.8).

2.5. Quantitative Bestimmung der transformierten Hodographen

Nachstehend werden die Lösungen der Differentialgleichung (2.1.1) in der Form von Reihenentwicklungen berechnet. Bei jeder erhaltenen Reihe ist ein Konvergenzbereich und eine Majorante angegeben, wobei der Summenwert der Majorante wenn nicht eine elementare Funktion, so doch Lösung einer algebraischen Gleichung ist. Es gibt für die Lösungen von (2.1.1) keine globalen Reihenentwicklungen, man muß vielmehr die Lage des Anfangspunktes $P_0(r_0, s_0)$ in der (r, s)-Ebene berücksichtigen. Durchweg ist $r_0 \lesseqgtr 0$ angenommen.

Die folgenden sechs Fälle müssen unterschieden werden: Es ist P_0 in der (r, s)-Ebene

1. ein nicht auf der Kurve $s = g(r)$ im Endlichen gelegener Punkt,
2. ein auf der Kurve $s = g(r)$ im Endlichen gelegener, von den Punkten P_1, P_2 verschiedener Punkt,
3. ein Punkt, dem in dem (σ, p)-System ein Punkt mit $\sigma = 0$ und endlichem p-Wert entspricht,
4. der Punkt, dem der Ursprung des (σ, q)-Systems entspricht,
5. ein Punkt in der Nachbarschaft von P_1,
6. ein Punkt in der Nachbarschaft von P_2.

2.5.1. Der Anfangspunkt ist ein nicht auf der Kurve $s = g(r)$ im Endlichen gelegener Punkt

Es sei $s_0 \gtrless g(r_0)$. Dann hat man die für $|r - r_0| < |r_0|$ absolut konvergente Potenzreihenentwicklung

$$f(r) = \sum_{n=0}^{\infty} a_n (r - r_0)^n \qquad (|r - r_0| < |r_0|)$$

mit

$$\left.\begin{aligned}
a_0 &= f(r_0)\,,\\
a_1 &= -\frac{9}{r_0}\left[\frac{27}{r_0^3} + 6\,(1-3\cos^2\alpha)\,r_0^3 + 8\sin\alpha\cos^2\alpha\,r_0^6 + 8\sin^2\alpha\cos^2\alpha\,r_0^9\right],\\
a_2 &= \frac{18}{r_0^2}\left[\frac{27}{r_0^3} - 3\,(1-3\cos^2\alpha)\,r_0^3 - 10\sin\alpha\cos^2\alpha\,r_0^6 - 16\sin^2\alpha\cos^2\alpha\,r_0^9\right],\\
a_3 &= -\frac{6}{r_0^3}\left[\frac{135}{r_0^3} + 3\,(1-3\cos^2\alpha)\,r_0^3 + 40\sin\alpha\cos^2\alpha\,r_0^6 + 112\sin^2\alpha\cos^2\alpha\,r_0^9\right],\\
a_4 &= \frac{9}{r_0^4}\left[\frac{135}{r_0^3} - 20\sin\alpha\cos^2\alpha\,r_0^6 - 112\sin^2\alpha\cos^2\alpha\,r_0^9\right],\\
a_5 &= -\frac{9}{r_0^5}\left[\frac{189}{r_0^3} + 8\sin\alpha\cos^2\alpha\,r_0^6 + 112\sin^2\alpha\cos^2\alpha\,r_0^9\right],\\
a_6 &= \frac{12}{r_0^6}\left[\frac{189}{r_0^3} - \sin\alpha\cos^2\alpha\,r_0^6 - 56\sin^2\alpha\cos^2\alpha\,r_0^9\right],\\
a_7 &= -\frac{36}{r_0^7}\left[\frac{81}{r_0^3} + 8\sin^2\alpha\cos^2\alpha\,r_0^9\right],\\
a_8 &= \frac{9}{r_0^8}\left[\frac{405}{r_0^3} - 8\sin^2\alpha\cos^2\alpha\,r_0^9\right],\\
a_9 &= -\frac{1}{r_0^9}\left[\frac{4455}{r_0^3} + 8\sin^2\alpha\cos^2\alpha\,r_0^9\right],\\
a_n &= (-1)^n\,\frac{81\binom{n+2}{2}}{r_0^{n+3}} \quad (n = 10, 11, \ldots)
\end{aligned}\right\} \tag{2.5.1.1}$$

sowie die Potenzreihenentwicklung

$$s_0 - g(r) = \sum_{n=0}^{\infty} b_n (r - r_0)^n$$

mit

$$\left.\begin{aligned} b_0 &= s_0 - g(r_0)\,, \\ b_1 &= -\,2\cos\alpha\, r_0\,(3 + 7\sin\alpha\, r_0^3)\,, \\ b_2 &= -\,\cos\alpha\,(3 + 28\sin\alpha\, r_0^3)\,, \\ b_3 &= -\,28\sin\alpha\cos\alpha\, r_0^2\,, \\ b_4 &= -\,14\sin\alpha\cos\alpha\, r_0\,, \\ b_5 &= -\frac{14}{5}\sin\alpha\cos\alpha\,, \\ b_n &= 0 \qquad (n = 6, 7, \ldots)\,. \end{aligned}\right\} \tag{2.5.1.2}$$

Mit dem Ansatz

$$s - s_0 = \sum_{n=1}^{\infty} d_n (r - r_0)^n \tag{2.5.1.3}$$

ergibt sich aus (2.1.1) die Identität

$$\left(b_0 + \sum_{n=1}^{\infty} (b_n + d_n)\,(r - r_0)^n\right) \sum_{m=0}^{\infty} (m + 1)\, d_{m+1}\,(r - r_0)^m \equiv \sum_{n=0}^{\infty} a_n\,(r - r_0)^n\,,$$

aus der durch Vergleich der Koeffizienten bei den Potenzen von $r - r_0$ die Gleichungen

$$(n + 1)\, b_0\, d_{n+1} = a_n - \sum_{\nu=1}^{n} (n - \nu + 1)\,(b_\nu + d_\nu)\, d_{n-\nu+1}$$
$$(n = 0, 1, 2, \ldots;\; b_0 \gtrless 0) \tag{2.5.1.4}$$

folgen. Die Gleichungen (2.5.1.4) sind Rekursionsformeln zur Bestimmung der d_n $(n = 1, 2, 3, \ldots)$.

Für die Konstruktion eines Konvergenzintervalles bei der Reihe (2.5.1.3), in der die d_n gemäß (2.5.1.4) berechnet sind, werden zwei positive Zahlen R, S derart gewählt, daß die Ungleichungen

$$R < |r_0|\,, \quad S < |s_0 - g(r_0)| - \sum_{n=1}^{5} |b_n|\, R^n$$

gelten. Mit Beachtung der Gleichungen

$$f(r) = \frac{81}{[r_0 + (r - r_0)]^3} + \sum_{n=0}^{9} \left[a_n - (-1)^n \frac{81\binom{n+2}{2}}{r_0^{n+3}}\right] (r - r_0)^n,$$

$$\frac{1}{s - g(r)} = \frac{1}{b_0 + \sum\limits_{n=1}^{5} b_n (r - r_0)^n + s - s_0}$$

erkennt man dann, daß die rechte Seite der Differentialgleichung (2.1.1) für Werte r, s mit $|r - r_0| \leqq R$, $|s - s_0| \leqq S$ eine analytische Funktion ist, bei deren

Reihenentwicklung nach Potenzprodukten $(r - r_0)^m (s - s_0)^n$ $(m, n = 0, 1, 2, \ldots)$ die Summe der absoluten Beträge der Reihenglieder den Wert

$$A(R, S) = \frac{\dfrac{81}{(|r_0| - R)^3} + \sum_{n=0}^{9} \left| a_n - (-1)^n \dfrac{81 \binom{n+2}{2}}{r_0^{n+3}} \right| R^n}{|b_0| - \sum_{n=1}^{5} |b_n| R^n - S}$$

nicht übersteigt. Die Reihe (2.6.1.3) erweist sich als absolut konvergent mindestens bei Werten r, für welche $|r - r_0| \leqq M(R, S)$ gilt mit

$$M(R, S) = \operatorname{Min}\left(R, \frac{S}{A(R, S)}\right)$$

$$= \operatorname{Min}\left(R, \frac{(|r_0| - R)^3 \left(|b_0| - \sum_{n=1}^{5} |b_n| R^n - S\right)}{81 + (|r_0| - R)^3 \sum_{n=0}^{9} \left| a_n - (-1)^n \dfrac{81}{r_0^{n+3}} \binom{n+2}{2} \right| R^n} S\right)$$

([9], Nr. 38). Das dabei günstigste Wertepaar R, S ist dasjenige, für welches, falls $R = R_0$ die kleinste positive Wurzel der Gleichung

$$\sum_{n=1}^{5} |b_n| R^n - |b_0| = 0$$

ist, die Größe $M(R, S)$ in dem durch die Ungleichungen

$$0 \leqq R \leqq \operatorname{Min}(|r_0|, R_0), \quad 0 \leqq S \leqq |b_0| - \sum_{n=1}^{5} |b_n| R^n$$

erklärten Bereich eines (R, S)-Koordinatensystems einen maximalen Wert annimmt. Da in diesem Bereich $M(R, S)$ eine stetige Funktion von R und S ist, gibt es tatsächlich mindestens ein Wertepaar R, S mit der genannten Maximaleigenschaft.

Es sei

$$B(R, S) = \operatorname{Max}\left(\frac{R}{S} A(R, S),\ 1 + \frac{R}{S} \left| \frac{f(r_0)}{s_0 - g(r_0)} \right|\right).$$

Dann ist mit

$$H(r - r_0) = 1 - \frac{r - r_0}{R} - \sqrt{1 - 2\, B(R, S) \frac{r - r_0}{R}}$$

die Entwicklung der Funktion $S\, H(r - r_0)$ nach Potenzen von $r - r_0$ eine Majorante der Reihe (2.5.1.3) ([17], S. 221)[1]. Die Potenzreihenentwicklung von $H(r - r_0)$ lautet

$$H(r - r_0) = \big(B(R, S) - 1\big) \frac{r - r_0}{R} + \sum_{n=2}^{\infty} \frac{\binom{2n-1}{n-1}}{2^{n-1}(2n-1)} \left(\frac{B(R, S)}{R}\right)^n (r - r_0)^n, \tag{2.5.1.5}$$

[1]) Eine Potenzreihe $\mathfrak{P}_1$ heißt *Majorante* einer Potenzreihe $\mathfrak{P}_2$, wenn bei $\mathfrak{P}_1$ jeder Koeffizient größer oder gleich dem absoluten Betrag des entsprechenden Koeffizienten bei $\mathfrak{P}_2$ ist.

sie hat den Konvergenzbereich $|r - r_0| \leqq \frac{R}{2\,B(R, S)}$ und ist in diesem Konvergenzbereich absolut konvergent, wobei gemäß den Ungleichungen

$$\frac{R}{2\,B(R, S)} \leqq \frac{R}{2} < R \quad \text{und} \quad \frac{R}{2\,B(R, S)} \leqq \frac{R}{2\,\frac{R}{S}\,A(R, S)} < \frac{S}{A(R, S)}$$

die Ungleichung

$$\frac{R}{2\,B(R, S)} < \operatorname{Min}\left(R, \frac{S}{A(R, S)}\right) = M(R, S)$$

besteht.

Die mit S multiplizierte Entwicklung (2.5.1.5) ist für die Indizes $n \geqq 2$ eine *scharfe* Majorante der Reihe (2.5.1.3), d. h. für $n = 2, 3, \ldots$ ist $|d_n|$ *kleiner* als der mit S multiplizierte Koeffizient von $(r - r_0)^n$ in der Entwicklung (2.5.1.5). Man kann das so einsehen: Es ist die mit S multiplizierte Entwicklung (2.5.1.5) Lösung der Differentialgleichung

$$\frac{ds}{dr} = \left(\frac{B(R, S)}{1 - \left(\frac{r - r_0}{R} + \frac{s - s_0}{S}\right)} - 1\right)\frac{S}{R}\,.$$

Die Entwicklung der rechten Seite dieser Differentialgleichung nach Potenzprodukten $(r - r_0)^m\,(s - s_0)^n$ $(m, n = 0, 1, 2, \ldots)$ ist eine für die bei den Produkten $(r - r_0)^m\,(s - s_0)^n \left(\binom{m + n}{n} \geqq 2\right)$ stehenden Koeffizienten scharfe Majorante der entsprechenden Reihenentwicklung der rechten Seite der Differentialgleichung

$$\frac{ds}{dr} = \left(\frac{B(R, S)}{\left(1 - \frac{r - r_0}{R}\right)\left(1 - \frac{s - s_0}{S}\right)} - 1\right)\frac{S}{R}\,.$$

Die letztgenannte Reihenentwicklung ist ihrerseits Majorante der Reihenentwicklung der rechten Seite der Differentialgleichung (2.1.1) nach Potenzprodukten $(r - r_0)^m\,(s - s_0)^n$ $(m, n = 0, 1, 2, \ldots)$, wobei es sich deswegen, weil die rechte Seite von (2.1.1) für alle reellen oder komplexen Werte r, s mit $|r - r_0| \leqq R$, $|s - s_0| \leqq S$ eine betraglich den Wert $A(R, S)$ nicht übersteigende nichtrationale holomorphe Funktion ist, um eine für die Koeffizienten aller Potenzprodukte $(r - r_0)^m\,(s - s_0)^n$ $(m + n \geqq 1)$ scharfe Majorante handelt ([13], Nr. 182). Da bei einer Differentialgleichung

$$\frac{ds}{dr} = \sum_{m, n = 0}^{\infty} a_{mn}\,(r - r_0)^m\,(s - s_0)^n$$

die Koeffizienten d_n einer Lösung der Form (2.5.1.3) Polynome der a_{mn} $(m + n \leqq n - 1)$ mit positivwertigen Koeffizienten sind, ergibt sich die mit S multiplizierte Entwicklung (2.5.1.5) als eine für $n \geqq 2$ scharfe Majorante der Reihe (2.5.1.3). Im Fall $n = 1$ hat man $|d_1| < \frac{S}{R}\left(B(R, S) - 1\right)$ genau dann, wenn die Ungleichung $\frac{R}{S}\,A(R, S) > 1 + \frac{R}{S}\left|\frac{f(r_0)}{s_0 - g(r_0)}\right|$ besteht.

2.5.2. Der Anfangspunkt ist ein auf der Kurve $s = g(r)$ im Endlichen gelegener, von den Punkten P_1, P_2 verschiedener Punkt

Es sei $s_0 = g(r_0)$ mit $r_0 \neq r_i$ $(i = 1, 2)$. Wird

$$r - r_0 = \operatorname{sgn} f(r_0)\, \tau^2 \tag{2.5.2.1}$$

gesetzt und werden im Anschluß an die durch (2.5.1.1) und (2.5.1.2) erklärten a_n, b_n die Größen

$$\left.\begin{aligned} \alpha_n &= \begin{cases} 0 & \text{für} \quad n = 2m+1 \\ [\operatorname{sgn} f(r_0)]^{m+1}\, 2\, a_m & \text{für} \quad n = 2m \end{cases} \\ \beta_n &= \begin{cases} 0 & \text{für} \quad n = 2m+1 \\ [\operatorname{sgn} f(r_0)]^{m}\, b_m & \text{für} \quad n = 2m \end{cases} \end{aligned}\right\} \quad (m = 0, 1, 2, \ldots)$$

eingeführt, so ergibt sich mit dem Ansatz

$$s - s_0 = \sum_{n=1}^{\infty} e_n\, \tau^n \tag{2.5.2.2}$$

aus (2.1.1) die Identität

$$\sum_{n=0}^{\infty} (\beta_{n+1} + e_{n+1})\, \tau^n \sum_{m=0}^{\infty} (m+1)\, e_{m+1}\, \tau^m \equiv \sum_{n=0}^{\infty} \alpha_n\, \tau^n\,. \tag{2.5.2.3}$$

Die aus (2.5.2.3) für verschwindendes τ folgende Gleichung wird mit dem positiven Wert

$$e_1 = \sqrt{2|f(r_0)|}$$

erfüllt. Durch Vergleich der in (2.5.2.3) bei den Potenzen τ^n $(n = 1, 2, 3, \ldots)$ stehenden Koeffizienten erhält man die Gleichungen

$$(n+2)\, e_1\, e_{n+1} = \alpha_n - \beta_{n+1}\, e_1 - \sum_{\nu=1}^{n-1} (n - \nu + 1)\, (\beta_{\nu+1} + e_{\nu+1})\, e_{n-\nu+1}$$
$$(n = 1, 2, 3, \ldots)\,,$$

welche Rekursionsformeln zur Bestimmung der e_n $(n = 1, 2, 3, \ldots)$ sind. Man erhält schließlich

$$\begin{aligned} s - s_0 &= \sum_{n=1}^{\infty} e_{2n}\, [\operatorname{sgn} f(r_0)\, (r - r_0)]^n \\ &\quad \pm \sqrt{\operatorname{sgn} f(r_0)\, (r - r_0)} \sum_{n=0}^{\infty} e_{2n+1}\, [\operatorname{sgn} f(r_0)\, (r - r_0)]^n\,. \end{aligned} \tag{2.5.2.4}$$

Für die Gewinnung eines Konvergenzintervalls und einer Majorante der Reihe (2.5.2.2) und folglich auch der Reihen in (2.5.2.4) dient als Basis die mit (2.1.1) gleichwertige Differentialgleichung

$$\frac{dr}{ds} = \frac{r^3}{r^3 f(r)} \left(s - g(r)\right)\,, \tag{2.5.2.5}$$

wobei $r^3 f(r)$ ein Polynom zwölften Grades von r mit den Nullstellen r_1, r_2,

$$r_3 = -\frac{1}{2}\sqrt[3]{\frac{3}{2\sin\alpha}}\,(1 + i\sqrt{3})\,, \quad r_4 = \frac{1}{2}\sqrt[3]{\frac{3}{\sin\alpha}}\,(1 + i\sqrt{3})\,, \quad r_5 = \sqrt[3]{\frac{3}{2\cos\alpha}}\,i\,,$$

$$r_6 = \frac{1}{2}\sqrt[3]{\frac{3}{2\cos\alpha}}\,(\sqrt{3} + i)\,, \quad r_7 = \frac{1}{2}\sqrt[3]{\frac{3}{2\cos\alpha}}\,(-\sqrt{3} + i)\,, \quad r_{j+5} = \bar{r}_j$$

$(j = 3, 4, 5, 6, 7)$

ist[1]). Es sei R_1 eine positive Zahl, welche der Ungleichung

$$R_1 < \operatorname*{Min}_{j=1,\ldots,7} |r_j - r_0|$$

genügt, und es sei S_1 eine beliebig gewählte positive Zahl. Dann ist die rechte Seite der Differentialgleichung (2.5.2.5) für Werte r, s mit $|r - r_0| \leqq R_1$, $|s - s_0| \leqq S_1$ eine analytische Funktion, bei deren Reihenentwicklung nach Potenzprodukten $(r - r_0)^m (s - s_0)^n$ $(m, n = 1, 2, 3, \ldots; m + n \geqq 1)$ die Summe der absoluten Beträge der Reihenglieder wegen des Bestehens der Gleichungen

$$r^3 = r_0^3 + 3\,r_0^2\,(r - r_0) + 3\,r_0\,(r - r_0)^2 + (r - r_0)^3\,,$$

$$\frac{1}{r^3 f(r)} = \frac{1}{8\sin^2\alpha\cos^2\alpha\,\prod\limits_{j=1}^{12}(r_j - r_0)\prod\limits_{j=1}^{12}\left(1 - \dfrac{r - r_0}{r_j - r_0}\right)}\,,$$

$$s - g(r) = (s - s_0) + \big(s_0 - g(r)\big)$$

kleiner als

$$A_1(R_1, S_1) = \frac{|r_0|^3 + 3\,r_0^2\,R_1 + 3\,|r_0|\,R_1^2 + R_1^3}{8\sin^2\alpha\cos^2\alpha\left(\operatorname*{Min}\limits_{j=1,\ldots,7}|r_j - r_0] - R_1\right)^{12}}\left(S_1 + \sum_{n=1}^{5}|b_n|\,R_1^n\right)$$

ist. Folglich hat die Lösung $r = r(s)$ der Differentialgleichung (2.5.2.5), bei welcher $r(s_0) = r_0$ ist, für Werte s, welche der Ungleichung $|s - s_0| \leqq M_1(R_1, S_1)$ mit

$$M_1(R_1, S_1) = \operatorname{Min}\left(\frac{R_1}{A_1(R_1, S_1)}\,, S_1\right)$$

genügen, eine absolut konvergente Reihenentwicklung

$$r = r_0 + \sum_{n=2}^{\infty}\varrho_n\,(s - s_0)^n \qquad \left(\varrho_2 = \frac{1}{2 f(r_0)}\right), \tag{2.5.2.6}$$

bei der die Summe $\sum\limits_{n=2}^{\infty}|\varrho_n|\,|s - s_0|^n$ den Wert R_1 nicht übersteigt ([9], Nr. 38). Die Gleichung (2.5.2.6) ist die Auflösung der Gleichung (2.5.2.4) nach r. Die aus (2.5.2.6) auf Grund von (2.5.2.1) folgende Reihenentwicklung

$$\tau^2 = \sum_{n=2}^{\infty}\operatorname{sgn} f(r_0)\,\varrho_n\,(s - s_0)^n \tag{2.5.2.7}$$

[1]) Es ist $\bar{r}_j$ der konjugierte komplxe Wert von r_j.

führt dann zu einer Reihenentwicklung

$$\tau = \sum_{n=1}^{\infty} \tau_n (s - s_0)^n , \qquad (2.5.2.8)$$

bei welcher auf Grund des Sachverhaltes, daß (2.5.2.8) die Auflösung der Gleichung (2.5.2.2) nach τ darstellt,

$$\tau_1 = \frac{1}{e_1} = \frac{1}{\sqrt{2|f(r_0)|}}$$

gilt. Aus (2.5.2.7) folgt die Gleichung

$$\tau = \tau_1 (s - s_0) \sqrt{1 + \sum_{n=1}^{\infty} \frac{\varrho_{n+2}}{\varrho_2} (s - s_0)^n} .$$

Diese Gleichung sowie die aus (2.5.2.6) als CAUCHYsche Abschätzungsformeln ([1], S. 145 ff.) sich ergebenden Ungleichungen

$$|\varrho_{n+2}| < \frac{R_1}{M_1(R_1, S_1)^{n+2}} \quad (n = 1, 2, \ldots)$$

lassen den Schluß zu, daß die Reihe (2.5.2.8) für diejenigen Werte von s absolut konvergent ist, welche außer der Ungleichung $|s - s_0| \leqq M_1(R_1, S_1)$ noch der Bedingung genügen, daß

$$\sum_{n=1}^{\infty} \frac{R_1}{|\varrho_2|} \frac{|s - s_0|^n}{M_1(R_1, S_1)^{n+2}} = \frac{R_1 \, |s - s_0|}{|\varrho_2| \, M_1(R_1, S_1)^3} \, \frac{1}{1 - \dfrac{|s - s_0|}{M_1(R_1, S_1)}}$$

einen Wert hat, der kleiner oder gleich 1 ist, welche also der Ungleichung

$$|s - s_0| \leqq \frac{M_1(R_1, S_1)}{1 + \dfrac{e_1^2 \, R_1}{M_1(R_1, S_1)^2}} \qquad (2.5.2.9)$$

genügen. Der für reelle oder komplexe Werte von s, welche (2.5.2.9) erfüllen, sich aus (2.5.2.8) ergebende τ-Wert hat einen absoluten Betrag, der den Wert $\sqrt{R_1}$ nicht übersteigt. Die Reihe (2.5.2.2) ist als Auflösung der Gleichung (2.5.2.8) nach $s - s_0$ alsdann absolut konvergent für Werte τ, welche der Ungleichung

$$|\tau| < \sqrt{R_1} \left[\frac{e_1 \sqrt{R_1}}{M_1(R_1, S_1)} \left(1 + \frac{e_1^2 \, R_1}{M_1(R_1, S_1)^2}\right) - \sqrt{\frac{e_1^2 \, R_1}{M_1(R_1, S_1)^2} \left(1 + \frac{e_1^2 \, R_1}{M_1(R_1, S_1)^2}\right)^2 - 1} \right]^2 \qquad (2.5.2.10)$$

genügen, wobei für die zu diesen τ-Werten gemäß (2.5.2.2) gehörenden Werte $s - s_0$ die Ungleichung

$$|s - s_0| < e_1 \sqrt{R_1} - \sqrt{e_1^2 \, R_1 - \frac{M_1(R_1, S_1)^2}{\left(1 + \dfrac{e_1^2 \, R_1}{M_1(R_1, S_1)^2}\right)^2}} \qquad (2.5.2.11)$$

besteht; die Radikanden der in (2.5.2.10) und (2.5.2.11) ganz rechts stehenden Quadratwurzeln sind positivwertig ([3], S. 158).

Die Positivität des Radikanden der in (2.5.2.10) ganz rechts stehenden Quadratwurzel führt für die Größe

$$E = \frac{e_1 \sqrt{R_1}}{M_1(R_1, S_1)} \left(1 + \frac{e_1^2 R_1}{M_1(R_1, S_1)^2}\right) \tag{2.5.2.12}$$

zu der Ungleichung $E > 1$. Die Gleichung $E - \sqrt{E^2 - 1} = \dfrac{1}{E + \sqrt{E^2 + 1}}$ läßt daraufhin erkennen, daß die in (2.5.2.10) in den eckigen Klammern stehende Größe $E - \sqrt{E^2 - 1}$ einen im Intervall $(0; 1)$ liegenden Wert besitzt. Aus der Ungleichung $E - \sqrt{E^2 - 1} < 1$ ergibt sich nach Multiplikation ihrer Seiten mit $\dfrac{M_1(R_1, S_1)}{1 + \dfrac{e_1^2 R_1}{M_1(R_1, S_1)^2}}$ des weiteren, daß der auf der rechten Seite der Ungleichung (2.5.2.11) stehende Ausdruck kleiner ist als derjenige auf der rechten Seite der Ungleichung (2.5.2.9).

Eine Majorante der Reihe (2.5.2.2) ist mit

$$\begin{aligned} H_1(\tau) = e_1 \tau + \frac{M_1(R_1, S_1)}{1 + \dfrac{e_1^2 R_1}{M_1(R_1, S_1)^2}} \\ \times \left(1 - \sqrt{1 - 2\left[1 + \frac{2 e_1 \sqrt{R_1}}{M_1(R_1, S_1)}\left(1 + \frac{e_1^2 R_1}{M_1(R_1, S_1)^2}\right)\right] \tilde{\tau} + \tilde{\tau}^2}\right) \end{aligned} \tag{2.5.2.13}$$

$$\left(\tilde{\tau} = \frac{e_1}{M_1(R_1, S_1)}\left(1 + \frac{e_1^2 R_1}{M_1(R_1, S_1)^2}\right) \tau\right)$$

die Entwicklung der Funktion

$$\frac{\frac{1}{2} H_1(\tau)}{1 + \dfrac{e_1 \sqrt{R_1}}{M_1(R_1, S_1)}\left(1 + \dfrac{e_1^2 R_1}{M_1(R_1, S_1)^2}\right)} \tag{2.5.2.14}$$

nach Potenzen von τ ([1], S. 196). Da die in (2.5.2.13) stehende Quadratwurzel für

$$\begin{aligned} |\tilde{\tau}| \leqq 1 + \frac{2 e_1 \sqrt{R_1}}{M_1(R_1, S_1)}\left(1 + \frac{e_1^2 R_1}{M_1(R_1, S_1)^2}\right) \\ - 2 \sqrt{\frac{e_1 \sqrt{R_1}}{M_1(R_1, S_1)}\left(1 + \frac{e_1^2 R_1}{M_1(R_1, S_1)^2}\right)\left[1 + \frac{e_1 \sqrt{R_1}}{M_1(R_1, S_1)}\left(1 + \frac{e_1^2 R_1}{M_1(R_1, S_1)^2}\right)\right]} \end{aligned} \tag{2.5.2.15}$$

die absolut konvergente Potenzreihenentwicklung

$$\begin{aligned} 1 - \left[1 + \frac{2 e_1 \sqrt{R_1}}{M_1(R_1, S_1)}\left(1 + \frac{e_1^2 R_1}{M_1(R_1, S_1)^2}\right)\right] \tilde{\tau} \\ + \sum_{n=2}^{\infty} C_n^{-1/2}\left(1 + \frac{2 e_1 \sqrt{R_1}}{M_1(R_1, S_1)}\left(1 + \frac{e_1^2 R_1}{M_1(R_1, S_1)^2}\right)\right) \tilde{\tau}^n \end{aligned}$$

hat, wo $C_n^{-1/2}(x)$ das GEGENBAUERsche Polynom n-ten Grades mit dem Hochindex $-1/2$ ist, hat man bei den τ-Werten, welche den der Ungleichung (2.5.2.15) genügenden $\tilde{\tau}$-Werten entsprechen, für die Funktion (2.5.2.14) die konvergente Potenzreihenentwicklung

$$e_1 \tau - \frac{\frac{1}{2} e_1^2}{e_1 \sqrt{R_1} + \dfrac{M_1(R_1, S_1)}{1 + \dfrac{e_1^2 R_1}{M_1(R_1, S_1)^2}}} \sum_{n=2}^{\infty} \left[\frac{e_1}{M_1(R_1, S_1)} \left(1 + \frac{e_1^2 R_1}{M_1(R_1, S_1)^2}\right)\right]^{n-2}$$

$$\cdot\, C_n^{-1/2}\left(1 + \frac{2 e_1 \sqrt{R_1}}{M_1(R_1, S_1)} \left(1 + \frac{e_1^2 R_1}{M_1(R_1, S_1)^2}\right)\right) \tau^n\,[1]) . \qquad (2.5.2.16)$$

Diese Reihenentwicklung nach Potenzen von τ ist also eine Majorante der Reihe (2.5.2.2).

Die Reihe (2.5.2.16) ist für die Indizes $n \geqq 2$ eine scharfe Majorante von (2.5.2.2). Man erkennt das so: Es ist (2.5.2.16) die Reihe, welche sich bei Auflösung der Reihe

$$\tau = \frac{s - s_0}{e_1} - \sum_{n=2}^{\infty} \frac{\sqrt{R_1}}{\left(\dfrac{M_1(R_1, S_1)}{1 + \dfrac{e_1^2 R_1}{M_1(R_1, S_1)^2}}\right)^n} (s - s_0)^n$$

nach $s - s_0$ als Ausdruck für $s - s_0$ ergibt. Da die CAUCHYschen Abschätzungsformeln

$$|\tau_n| < \frac{\sqrt{R_1}}{\left(\dfrac{M_1(R_1, S_1)}{1 + \dfrac{e_1^2 R_1}{M_1(R_1, S_1)^2}}\right)^n} \qquad (n = 2, 3, 4, \ldots)$$

gelten und der n-te Koeffizient der Reihe, welche die Auflösung einer Gleichung der Gestalt (2.5.2.8) nach $s - s_0$ darstellt, ein Polynom von $1/\tau_1, -\tau_2, \ldots, -\tau_n$ mit positivwertigen Koeffizienten ist, erweist sich der in (2.5.2.16) bei τ^n ($n = 2, 3, 4, \ldots$) stehende Koeffizient größer als der absolute Betrag des Koeffizienten e_n der Reihe (2.5.2.2), die sich als Auflösung der Gleichung (2.5.2.8) nach $s - s_0$ ergibt.

Die Schranke für $|\tau|$, welche der in (2.5.2.15) stehenden Schranke für $|\tilde{\tau}|$ entspricht, ist kleiner als die in (2.5.2.10) stehende Schranke für $|\tau|$. Um das einzusehen, muß, indem unter E die in (2.5.2.12) erklärte Zahl verstanden wird, gezeigt werden, daß für $E > 1$ die Ungleichung

$$1 + 2E - 2\sqrt{E(1 + E)} < E\left(E - \sqrt{E^2 - 1}\right)^2 \qquad (2.5.2.17)$$

[1]) Die GEGENBAUERschen Polynome $C_n^\nu(x)$ sind durch die Reihenentwicklung $(1 - 2xz + z^2)^{-\nu} = \sum_{n=0}^{\infty} C_n^\nu(x)\, z^n$, die im folgenden erwähnten LEGENDREschen Polynome $P_n(x)$ durch $P_n(x) = C_n^{1/2}(x)$ ($n = 0, 1, 2, \ldots$) erklärt (siehe [12], III. Abschn., §5).

besteht. In der Tat besteht (2.5.2.17) sogar für $E \geqq 1$.

Beweis: Der Gleichung

$$1 + 2E - 2\sqrt{E(1+E)} = E\left(E - \sqrt{E^2 - 1}\right)^2 \qquad (E \geqq 1) \qquad (2.5.2.18)$$

ist gleichwertig die Gleichung

$$2E^2\sqrt{E^2-1} - 2\sqrt{E(1+E)} = 2E^3 - 3E - 1 \qquad (E \geqq 1)\,, \qquad (2.5.2.19)$$

deren Quadrierung auf die Gleichung

$$8E^2(1+E)\sqrt{E(E-1)} = (1+E)(8E^3 - 4E^2 - E - 1) \qquad (E \geqq 1) \qquad (2.5.2.20)$$

führt. Quadrierung der durch $1 + E$ dividierten Gleichung (2.5.2.20) führt auf die Gleichung

$$8E^3 - 9E^2 - 2E - 1 = 0\,,$$

welche für $E \geqq 1$ genau eine Wurzel $E = E_0$ hat, die im Intervall (1,37; 1,38) gelegen ist. Die Annahme, daß $E = E_0$ dann auch Wurzel der Gleichung (2.5.2.19) und damit der Gleichung (2.5.2.18) ist, führt auf einen Widerspruch. Denn schreibt man (2.5.2.19) in der Gestalt

$$2\sqrt{E(1+E)}\left(E\sqrt{E(E-1)} - 1\right) = 2E^3 - 3E - 1\,,$$

so hat man den Sachverhalt, daß für im Intervall $\langle 1{,}37;\, 1{,}38\rangle$ liegende Werte von E die Ausdrücke $2\sqrt{E(1+E)}$ und $2E^3 - 3E - 1$ positivwertig sind, der Ausdruck $E\sqrt{E(E-1)} - 1$ jedoch negativwertig ist. Somit sind die Gleichungen (2.5.2.19) und (2.5.2.18) für $E \geqq 1$ unmöglich, und da für $E = 1$ die Ungleichung (2.5.2.17) gilt, besteht (2.5.2.17) für $E \geqq 1$.

Der Majoranteneigenschaft der Reihe (2.5.2.16) gemäß müssen in dieser Reihe die Koeffizienten der τ-Potenzen sämtlich nichtnegative reelle Zahlen sein. Die Koeffizienten aller τ-Potenzen in (2.5.2.16) sind als positive Zahlen ersichtlich, wenn man weiß, daß die GEGENBAUERschen Polynome $C_n^{-1/2}(x)$ $(n = 2, 3, 4, \ldots)$ für $x > 1$ negativwertig sind. Davon nun kann man sich so überzeugen: Da die $C_n^{-1/2}(x)$ der Differentialgleichung

$$(x^2 - 1)\, C_n^{-1/2\,\prime\prime}(x) = (n-1)\, n\, C_n^{-1/2}(x) \qquad (2.5.2.21)$$

genügen, ist

$$C_n^{-1/2}(1) = 0 \qquad (n = 2, 3, 4, \ldots)\,; \qquad (2.5.2.22)$$

außerdem gilt, falls $P_{n-1}(x)$ das LEGENDREsche Polynom $(n-1)$-ten Grades ist,

$$C_n^{-1/2\,\prime}(x) = -\,C_{n-1}^{1/2}(x) = -\,P_{n-1}(x) \qquad (n = 1, 2, 3, \ldots)\,,$$

woraus

$$C_n^{-1/2\,\prime}(1) = -1 \qquad (n = 1, 2, 3, \ldots) \qquad (2.5.2.23)$$

folgt. Aus (2.5.2.21), (2.5.2.22), (2.5.2.23) folgt $C_n^{-1/2}(x) < 0$ $(n = 2, 3, 4, \ldots)$ für $x > 1$.

2.5.3. Der Anfangspunkt ist ein Punkt, dem in dem (σ, p)-System ein Punkt mit $\sigma = 0$ und endlichem p-Wert entspricht

In dem (σ, p)-System genügen die Hodographen der Differentialgleichung (2.3.6). Der Anfangspunkt P_0 habe im (σ, p)-System die Koordinaten $\sigma = 0$, $p = p_0$. Wird

$$\varkappa_0 = 18\,(3\cos^2\alpha - 1), \quad \varkappa_1 = -3\sin\alpha, \quad \varkappa_2 = 1, \quad \varkappa_n = 0 \quad (n = 3, 4, \ldots)$$

gesetzt, so ergibt sich mit dem Ansatz

$$p = \sum_{n=0}^{\infty} p_n\,\sigma^n \tag{2.5.3.1}$$

aus (2.3.6) die Identität

$$\sum_{n=0}^{\infty} \frac{3}{2}\,n \left(\sum_{\nu=0}^{n} p_\nu\,p_{n-\nu}\right)\sigma^n - 54\sin\alpha\cos\alpha \sum_{n=0}^{\infty}(n+1)\,p_{n+1}\,\sigma^n$$
$$\equiv 2\sum_{n=0}^{\infty}\left(\sum_{\nu=0}^{n} p_\nu\,p_{n-\nu}\right)\sigma^n + 6\cos\alpha \sum_{n=0}^{\infty} p_n\,\sigma^n - \sum_{n=0}^{\infty}\varkappa_n\,\sigma^n\,,$$

aus der durch Vergleich der Koeffizienten bei den Potenzen von σ die Gleichungen

$$54\sin\alpha\cos\alpha\,(n+1)\,p_{n+1} = \left(\frac{3}{2}\,n - 2\right)\sum_{\nu=0}^{n} p_\nu\,p_{n-\nu} - 6\cos\alpha\,p_n + \varkappa_n \quad (n = 0, 1, \ldots) \tag{2.5.3.2}$$

folgen. Die Gleichungen (2.5.3.2) sind Rekursionsformeln zur Bestimmung der $p_n\;(n = 1, 2, 3, \ldots)$.

Für die Konstruktion eines Konvergenzintervalles bei der Reihe (2.5.3.1), in der die p_n gemäß (2.5.3.2) berechnet sind, wird (2.3.6) in der Gestalt

$$\frac{dp}{d\sigma} = \frac{\begin{pmatrix}2\,(p_0^2 + 3\cos\alpha\,p_0 + 9\,(1 - 3\cos^2\alpha)) + 3\sin\alpha\,\sigma + 2\,(2\,p_0 + 3\cos\alpha)\,(p - p_0)\\ - \sigma^2 + 2\,(p - p_0)^2\end{pmatrix}}{3\,(-18\sin\alpha\cos\alpha + p_0\,\sigma + \sigma\,(p - p_0))} \tag{2.5.3.3}$$

geschrieben. Werden zwei positive Zahlen P, $\mathcal{P}$ derart gewählt, daß die Ungleichungen

$$P < \frac{18\sin\alpha\cos\alpha}{|p_0|}\,, \qquad \mathcal{P} < \frac{18\sin\alpha\cos\alpha}{P} - |p_0|$$

gelten, so ist die rechte Seite der Differentialgleichung (2.5.3.3) für Werte σ, p mit $|\sigma| \leqq P$, $|p - p_0| \leqq \mathcal{P}$ eine analytische Funktion, bei deren Reihenentwicklung nach Potenzprodukten $\sigma^m\,(p - p_0)^n$ $(m, n = 0, 1, 2, \ldots)$ die Summe der absoluten Beträge der Reihenglieder kleiner als der Wert

$$A_2(P, \mathcal{P}) = \frac{2\,|p_0^2 + 3\cos\alpha\,p_0 + 9\,(1 - 3\cos^2\alpha)| + 3\sin\alpha\,P + 2\,|2\,p_0 + 3\cos\alpha|\,\mathcal{P} + P^2 + 2\,\mathcal{P}^2}{3\,(18\sin\alpha\cos\alpha - (|p_0| + \mathcal{P})\,P)}$$

ist. Die Reihe (2.5.3.1) ist absolut konvergent mindestens bei Werten σ, für welche $|\sigma| \leqq M_2(P, \mathcal{P})$ gilt mit

$$M_2(P, \mathcal{P}) = \operatorname{Min}\left(P, \frac{\mathcal{P}}{A_2(P, \mathcal{P})}\right) = \operatorname{Min}$$

$$\times\left(P, \frac{3\,(18 \sin\alpha \cos\alpha - (|p_0| + \mathcal{P})\, P)\, \mathcal{P}}{2\,|p_0^2 + 3\cos\alpha\, p_0 + 9\,(1 - 3\cos^2\alpha)| + 3\sin\alpha\, P + 2\,|2\,p_0 + 3\cos\alpha|\,\mathcal{P} + P^2 + 2\,\mathcal{P}^2}\right)$$

([9], Nr. 38). Das dabei günstigste Wertepaar P, $\mathcal{P}$ ist dasjenige, für welches die Größe $M_2(P, \mathcal{P})$ in dem durch die Ungleichungen

$$0 \leqq P \leqq \frac{18 \sin\alpha \cos\alpha}{|p_0| + P}, \qquad \mathcal{P} \geqq 0$$

erklärten Gebiet eines $(P, \mathcal{P})$-Koordinatensystems einen maximalen Wert annimmt. Dieses Gebiet ist die Summe der beiden durch die Ungleichungen

$$0 \leqq P \leqq \frac{18 \sin\alpha \cos\alpha}{|p_0| + \mathcal{P}}, \qquad \begin{cases} 0 \leqq \mathcal{P} \leqq 1 \\ 0 \leqq \dfrac{1}{\mathcal{P}} \leqq 1 \end{cases}$$

erklärten Bereiche, und da $M_2(P, \mathcal{P})$ im ersten Bereich eine stetige Funktion von P und $\mathcal{P}$ und im zweiten Bereich eine stetige Funktion von P und $1/\mathcal{P}$ ist, gibt es tatsächlich mindestens ein Wertepaar P, $\mathcal{P}$ mit der genannten Maximaleigenschaft.

Es sei

$$B_2(P, \mathcal{P}) = \operatorname{Max}\left(\frac{P}{\mathcal{P}} A_2(P, P);\; 1 + \frac{P}{\mathcal{P}} \frac{|p_0^2 + 3\cos\alpha\, p_0 + 9\,(1 - 3\cos^2\alpha)|}{27 \sin\alpha \cos\alpha}\right).$$

Dann ist mit

$$H_2(\sigma) = 1 - \frac{\sigma}{P} - \sqrt{1 - 2\,B_2(P, \mathcal{P})\frac{\sigma}{\mathcal{P}}}$$

die Entwicklung der Funktion $\mathcal{P}\,H_2(\sigma)$ nach Potenzen von σ eine Majorante der Reihe $\sum\limits_{n=1}^{\infty} p_n \sigma^n$ ([17], S. 221). Die Potenzreihenentwicklung von $H_2(\sigma)$ lautet

$$H_2(\sigma) = \left(B_2\,(P, \mathcal{P}) - 1\right)\frac{\sigma}{P} + \sum_{n=2}^{\infty} \frac{\binom{2n-1}{n-1}}{2^{n-1}\,(2n-1)} \left(B_2(P, \mathcal{P})\frac{\sigma}{P}\right)^n, \quad (2.5.3.4)$$

sie hat den Konvergenzbereich $|\sigma| \leqq \dfrac{P}{2\,B_2(P, \mathcal{P})}$ und ist in diesem Bereich absolut konvergent, wobei gemäß den Ungleichungen

$$\frac{P}{2\,B_2(P, \mathcal{P})} \leqq \frac{P}{2} < P \qquad \text{und} \qquad \frac{P}{2\,B_2(P, \mathcal{P})} \leqq \frac{P}{2\,\dfrac{P}{\mathcal{P}}\,A_2(P, \mathcal{P})} > \frac{\mathcal{P}}{A_2(P, \mathcal{P})}$$

die Ungleichung

$$\frac{P}{2\,B_2(P, \mathcal{P})} < \operatorname{Min}\left(P, \frac{\mathcal{P}}{A_2(P, \mathcal{P})}\right) = M_2(P, \mathcal{P})$$

besteht.

Die mit $\mathcal{P}$ multiplizierte Entwicklung (2.5.3.4) ist für die Indizes $n \geqq 2$ eine scharfe Majorante der Reihe $\sum\limits_{n=1}^{\infty} p_n \sigma^n$. Man kann sich davon in der gleichen Weise überzeugen wie in (2.5.1) von dem Sachverhalt, daß die mit S multiplizierte Entwicklung (2.5.1.5) für die Indizes $n \geqq 2$ eine scharfe Majorante der Reihe (2.5.1.3) ist. Im Fall $n = 1$ hat man $|p_1| < \frac{\mathcal{P}}{P} \left(B_2(P, \mathcal{P}) - 1\right)$ genau dann, wenn die Ungleichung

$$\frac{P}{\mathcal{P}} A_2(P, \mathcal{P}) > 1 + \frac{P}{\mathcal{P}} \frac{|p_0^2 + 3 \cos\alpha \, p_0 + 9 (1 - 3 \cos^2\alpha)|}{27 \sin\alpha \cos\alpha}$$

besteht.

2.5.4. Der Anfangspunkt ist der Punkt, dem der Ursprung des (σ, q)-Systems entspricht

In dem (σ, q)-System genügen die Hodographen der Differentialgleichung (2.3.8). Für die durch den Ursprung des (σ, q)-Systems gehende Lösung wird der Ansatz

$$q = \sum_{n=1}^{\infty} q_n \sigma^n \tag{2.5.4.1}$$

gemacht, wobei man (2.3.9) zufolge

$$q_1 = \frac{5}{54 \sin\alpha \cos\alpha}$$

hat. Die Einsetzung von (2.5.4.1) in (2.3.8) liefert die Identität

$$\begin{aligned} &27 \sin\alpha \cos\alpha \sum_{n=1}^{\infty} (n+1) \left(\sum_{\nu=1}^{n} q_\nu q_{n+1-\nu}\right) \sigma^n - 3 \sum_{n=1}^{\infty} n q_n \sigma^n \\ &= 2 \sum_{n=1}^{\infty} q_n \sigma^n + 6 \cos\alpha \sum_{n=1}^{\infty} \left(\sum_{\nu=1}^{n-1} q_\nu q_{n-\nu}\right) \sigma^n \\ &\quad + 18 (1 - 3 \cos^2\alpha) \sum_{n=2}^{\infty} \left(\sum_{\nu=1}^{n-2} \sum_{\lambda=1}^{n-1-\nu} q_\nu q_\lambda q_{n-\nu-\lambda}\right) \sigma^n \\ &\quad + 3 \sin\alpha \sum_{n=3}^{\infty} \left(\sum_{\nu=1}^{n-3} \sum_{\lambda=1}^{n-2-\nu} q_\nu q_\lambda q_{n-1-\nu-\lambda}\right) \sigma^n \\ &\quad - \sum_{n=4}^{\infty} \left(\sum_{\nu=1}^{n-4} \sum_{\lambda=1}^{n-3-\nu} q_\nu q_\lambda q_{n-2-\nu-\lambda}\right) \sigma^n . \end{aligned} \tag{2.5.4.2}$$

Aus (2.5.4.2) ergeben sich durch Vergleich der Koeffizienten bei den Potenzen von σ dann die Gleichungen

$$q_2 = \frac{25}{3402 \sin^2\alpha \cos\alpha} ,$$

$$q_3 = \frac{125}{3857868 \sin^3\alpha \cos^3\alpha} (49 - 139 \cos^2\alpha) ,$$

$$q_4 = \frac{125}{5347005048 \sin^4\alpha \cos^3\alpha} (17101 - 32401 \cos^2\alpha) ,$$

$$(2n + 11)\, q_{n+4} = -\, 27 \sin\alpha \cos\alpha\, (n + 5) \sum_{\nu=2}^{n+3} q_\nu\, q_{n+5-\nu}$$
$$+\, 6 \cos\alpha \sum_{\nu=1}^{n+3} q_\nu\, q_{n+4-\nu} + 18\, (1 - 3 \cos^2\alpha) \sum_{\nu=1}^{n+2} q_\nu \sum_{\lambda=1}^{n+3-\nu} q_\lambda\, q_{n+4-\nu-\lambda}$$
$$+\, 3 \sin\alpha \sum_{\nu=1}^{n+1} q_\nu \sum_{\lambda=1}^{n+2-\nu} q_\lambda\, q_{n+3-\nu-\lambda} - \sum_{\nu=1}^{n} q_\nu \sum_{\lambda=1}^{n+1-\nu} q_\lambda\, q_{n+2-\nu-\lambda}$$
$$(n = 1, 2, 3, \ldots)\,. \tag{2.5.4.3}$$

Die Gleichungen (2.5.4.3) sind Rekursionsformeln zur Bestimmung der $q_5, q_6, \ldots$.

Für die Konstruktion eines Konvergenzintervalls bei der Reihe (2.5.4.1), in welcher $q_1, \ldots, q_4$ die angegebenen Werte haben und die q_n mit $n \geqq 5$ gemäß (2.5.4.3) berechnet sind, wird (2.3.8) durch die Transformation

$$\sigma_1 = \frac{\sigma}{q} - \frac{54}{5} \sin\alpha \cos\alpha$$

in die Differentialgleichung

$$\frac{d\sigma_1}{dq} + \frac{5}{2} \frac{\sigma_1}{q} = \frac{3}{2} \left(\sigma_1 - \frac{36}{5} \sin\alpha \cos\alpha\right)$$
$$\times \frac{6 \cos\alpha + 18\,(1 - 3\cos^2\alpha)\, q + 3 \sin\alpha \left(\sigma_1 + \frac{54}{5} \sin\alpha \cos\alpha\right) q^2 - \left(\sigma_1 + \frac{54}{5} \sin\alpha \cos\alpha\right)^2 q^3}{\left[2 + \left[6 \cos\alpha + 18\,(1 - 3 \cos^2\alpha)\, q + 3 \sin\alpha \left(\sigma_1 + \frac{54}{5} \sin\alpha \cos\alpha\right) q^2 - \left(\sigma_1 + \frac{54}{5} \sin\alpha \cos\alpha\right)^2 q^3\right] q\right]} \tag{2.5.4.4}$$

übergeführt. Die Gestalt von (2.5.4.4) erlaubt die Feststellung, daß bei der Gleichung

$$7\, \sigma_2 = 3 \left(q\, \sigma_2 + \frac{36}{5} \sin\alpha \cos\alpha\right)$$
$$\times \frac{\left[6 \cos\alpha + 18\, |1 - 3 \cos^2\alpha|\, q + 3 \sin\alpha \left(q\, \sigma_2 + \frac{54}{5} \sin\alpha \cos\alpha\right) q^2 + \left(q\, \sigma_2 + \frac{54}{5} \sin\alpha \cos\alpha\right)^2 q^3\right]}{\left[2 - \left[6 \cos\alpha + 18 |\, 1 - 3 \cos^2\alpha|\, q + 3 \sin\alpha \left(q\, \sigma_2 + \frac{54}{5} \sin\alpha \cos\alpha\right) q^2 + \left(q\, \sigma_2 + \frac{54}{5} \sin\alpha \cos\alpha\right)^2 q^3\right] q\right]} \tag{2.5.4.5}$$

die dem Wertepaar $q = 0$, $\sigma_2 = 324/35 \sin\alpha \cos^2\alpha$ genügende Lösung $\sigma_2 = \sigma_2(q)$ eine Entwicklung nach Potenzen von q derart hat, daß diese Potenzreihenentwicklung nach Multiplikation mit q^2 eine Majorante der Entwicklung nach Potenzen von q ist, die sich bei der Auflösung der Reihe (2.5.4.1) nach σ und anschließender Subtraktion des Gliedes $54/5 \sin\alpha \cos\alpha\, q$ von der für σ erhaltenen Reihe ergibt ([2], S. 64).

Mit $\sigma_3 = q^2 \sigma_2$ kann (2.5.4.5) in die Form

$$q^2 \sigma_3^3 + q^2 B_1(q) \sigma_3^2 - B_2(q) \sigma_3 + q^2 B_3(q) = 0 \qquad (2.5.4.6)$$

mit

$$B_1(q) = 3 \sin\alpha \left(1 + \frac{198}{25} \cos\alpha\, q\right),$$

$$B_2(q) = \frac{7}{5} - 6 \cos\alpha\, q - 18\, |1 - 3 \cos^2\alpha|\, q^2$$
$$- \frac{972}{25} \sin^2\alpha \cos\alpha\, q^3 - \frac{20412}{125} \sin^2 \cos^2\alpha\, q^4,$$

$$B_3(q) = \frac{324}{25} \sin\alpha \cos\alpha$$
$$\times \left(\cos\alpha + 3\, |1 - 3 \cos^2\alpha|\, q + \frac{27}{5} \sin^2\alpha \cos\alpha\, q^2 + \frac{486}{25} \sin^2\alpha \cos^2\alpha\, q^3\right)$$

gebracht werden. Es ist (2.5.4.6) für σ_3 eine kubische Gleichung, deren linke Seite die Diskriminante

$$\Delta(q) = \big(q^2 B_1(q)^2 B_2(q)^2 - 18\, q^4 B_1(q) B_2(q) B_3(q) - 27\, q^6 B_2(q)^2$$
$$= 4\, B_2(q)^3 - 4\, q^6 B_1(q)^3 B_3(q)\big)\, q^2$$

hat. Da für nahe bei Null liegende Werte von q die Werte von $\Delta(q)$, $q^2 B_3(q)$ und $q^2 \sigma_2(q)$ positiv sind, hat die für σ_3 kubische Gleichung (2.5.4.6) bei diesenWerten von q eine negativwertige und zwei voneinander verschiedene positivwertige Wurzeln, wobei die auf der reellen Zahlengeraden extrem liegenden zwei Wurzeln dann, wenn q einseitig gegen Null strebt, gegen ∞ bzw. $-\infty$ streben. Es ist die für $q = 0$ verschwindende Funktion $\sigma_3 = q^2 \sigma_2(q)$ somit die mittlere der drei Wurzeln von (2.5.4.6). Die zu (2.5.4.6) gehörige reduzierte kubische Gleichung ist, falls

$$\sigma_4 = (3\, \sigma_3 + B_1(q))\, q^2 \qquad (2.5.4.7)$$

gesetzt wird, die Gleichung

$$\sigma_4^3 - 3\, q^2 \left(3\, B_2(q) + q^2 B_1(q)^2\right) \sigma_4$$
$$+ q^4 \left(9\, B_1(q) B_2(q) + 2\, q^2 B_1(q)^3 + 27\, q^2 B_3(q)\right) = 0, \qquad (2.5.4.8)$$

welche, falls

$$\Lambda(q) = \frac{1}{3} \arccos\left(-|q| \frac{9\, B_1(q) B_2(q) + 2\, q^2 B_1(q)^3 + 27\, q^2 B_3(q)}{2 \sqrt{(3\, B_2(q) + q^2 B_1(q)^2)^3}}\right)$$

gesetzt wird, die drei Wurzeln

$$\sigma_4 = 2\, |q| \sqrt{3\, B_2(q) + q^2 B_1(q)^2} \cos\left(\Lambda(q) + \varepsilon \frac{2}{3} \pi\right) \qquad (\varepsilon = -1, 0, 1)$$

hat. Wegen $\Lambda(0)_\circ = \pi/6$ ist für nahe bei Null liegende Werte von q von den drei Wurzeln σ_4 die zu $\varepsilon = -1$ gehörige die mittlere, und da die Gleichung (2.5.4.7) bei $q \lessgtr 0$ der mittleren Wurzel σ_4 die mittlere der drei Wurzeln der Gleichung

(2.5.4.6) zuordnet, hat man für die zu betrachtende Wurzel $\sigma_3 = \sigma_3(q) \equiv q^2\,\sigma_2(q)$. der Gleichung (2.5.4.6) die Gleichung

$$\sigma_3(q) = \frac{1}{3}\left(\frac{\sigma_4}{q^2} - B_1(q)\right)$$
$$= \frac{1}{3}\left(\frac{2}{|q|}\sqrt{3\,B_2(q) + q^2\,B_1(q)^2}\,\cos\left(\Lambda(q) - \frac{2}{3}\pi\right) - B_1(q)\right),$$

also schließlich die Gleichung

$$\sigma_3(q)$$
$$= \frac{2}{3}\sqrt{3\,B_2(q) + q^2\,B_1(q)^2}\cdot\frac{1}{q}\sin\left[\frac{1}{3}\arcsin\left(q\,\frac{9\,B_1(q)\,B_2(q) + 2\,q^2\,B_1(q)^3 + 27\,q^2\,B_3(q)}{2\sqrt{(3\,B_2(q) + q^2\,B_1(q)^2)^3}}\right)\right]$$
$$-\frac{1}{3}\,B_1(q)\,. \qquad (2.5.4.9)$$

Die Reihenentwicklung der durch (2.5.4.9) erklärten Funktion $\sigma_3(q)$ nach Potenzen von q ist in der komplexen q-Ebene absolut konvergent im Innern und auf der Peripherie eines jeden Kreises mit dem Punkt $q = 0$ als Mittelpunkt, in dessen Innern und auf dessen Peripherie außer $q = 0$ keine Nullstelle der Diskriminante der linken Seite der kubischen Gleichung (2.5.4.8) liegt. Wird

$$B_4(q) = 3\,B_2(q) + q^2\,B_1(q)^2$$
$$= \frac{21}{5} - 18\cos\alpha\,q + 9\,(\sin^2\alpha - 6\,|1 - 3\cos^2\alpha|)\,q^2$$
$$+ \frac{648}{25}\sin^2\alpha\cos\alpha\,q^3 + \frac{46656}{625}\sin^2\alpha\cos^2\alpha\,q^4$$

gesetzt, so ist die ebengenannte Diskriminante der mit $108\,q^6$ multiplizierte Ausdruck $\Delta_1(q)$ mit

$$\Delta_1(q) = B_4(q)^3 - \frac{81}{4}\,q^2\left\{\frac{1}{3}\,B_1(q)\,B_4(q) + 3\,q^2\left[B_3(q) - \left(\frac{1}{3}\,B_1(q)\right)^3\right]\right\}^2.$$

Wegen

$$|6\,|1 - 3\cos^2\alpha| - \sin^2\alpha| + 2\cos\alpha > \frac{7}{15} \qquad \left(0 \leqq \alpha \leqq \frac{\pi}{2}\right)$$

besteht für die Größe

$$L = 18\cos\alpha + 9\,|\sin^2\alpha - 6|\,1 - 3\cos^2\alpha|| + \frac{648}{25}\sin^2\alpha\cos\alpha$$
$$+ \frac{46656}{625}\sin^2\alpha\cos^2\alpha + 9\sqrt[3]{\frac{1}{4}\sin^2\alpha\left[\frac{B_1(1)}{3\sin\alpha}\left(\frac{7}{5} + 6\cos\alpha\right.\right.}$$
$$\overline{+ 3\,|\sin^2\alpha - 6|\,1 - 3\cos^2\alpha|| + \frac{216}{25}\sin^2\alpha\cos\alpha}$$
$$\overline{\left.\left. + \frac{15552}{625}\sin^2\alpha\cos^2\alpha\right) + \frac{B_3(1)}{\sin\alpha} + \left(\frac{B_3(1)}{3\sin\alpha}\right)^3\sin^2\alpha\right]^2}$$

die Abschätzung $L > \frac{21}{5}$. Für reelle oder komplexe Werte q mit $0 < q \leqq \left(\frac{21}{5\,L}\right)^{3/2} < 1$ ergibt sich alsdann

$$\Big| -18 \cos\alpha\, q + 9\,(\sin^2\alpha - 6\,|1 - 3\cos^2\alpha|)\, q^2$$
$$+ \frac{648}{25} \sin^2\alpha \cos\alpha\, q^3 + \frac{46656}{625} \sin^2\alpha \cos^2\alpha\, q^4 \Big|$$
$$+ \left| \sqrt[3]{\frac{81}{4} q^2 \left\{ \frac{1}{3} B_1(q)\, B_4(q) + 3\,q^2 \left[B_3(q) - \left(\frac{1}{3} B_1(q)\right)^3 \right] \right\}^2} \right| < L|q|^{2/3} \leqq \frac{21}{5},$$

woraus

$$|B_4(q)| > \left| \sqrt[3]{\frac{81}{4} q^2 \left\{ \frac{1}{3} B_1(q)\, B_4(q) + 3\,q^2 \left[B_3(q) - \left(\frac{1}{3} B_1(q)\right)^3 \right] \right\}^2} \right|$$

und somit bei Werten q, für welche $0 \leqq |q| \leqq \left(\frac{21}{5\,L}\right)^{3/2}$ gilt,

$$\Delta_1(q) \neq 0$$

gefolgert werden kann. Als Ergebnis kann hiernach folgendes festgestellt werden: Die Funktion $\frac{54}{5} \sin\alpha \cos\alpha\, q + \sigma_3(q)$, wobei $\sigma_3(q)$ durch (2.5.4.9) erklärt ist, hat für Werte q, welche der Ungleichung $0 \leqq |q| \leqq Q \left(Q = \left(\frac{21}{5\,L}\right)^{3/2} < 1\right)$ genügen, eine Reihenentwicklung nach Potenzen von q, und diese Reihenentwicklung ist eine Majorante der Entwicklung nach Potenzen von q, welche sich bei der Auflösung der Reihe (2.5.4.1) nach σ ergibt.

Die Reihenentwicklung (2.5.4.1) ist für Werte σ, welche der Ungleichung

$$|\sigma| < \left(\frac{54}{5} Q \sin\alpha \cos\alpha + \sigma_3(Q)\right)$$
$$\times \left[1 + \frac{\sigma_3(Q)}{\frac{54}{5} Q \sin\alpha \cos\alpha} - \sqrt{\frac{\sigma_3(Q)}{\frac{54}{5} Q \sin\alpha \cos\alpha} \left(2 + \frac{\sigma_3(Q)}{\frac{54}{5} Q \sin\alpha \cos\alpha}\right)} \right]^2 \tag{2.5.4.10}$$

genügen, absolut konvergent, wobei für die zu diesen σ-Werten gehörigen Werte q die Ungleichung

$$|q| < Q + \frac{\sigma_3(Q)}{\frac{54}{5} \sin\alpha \cos\alpha} - \sqrt{\frac{\sigma_3(Q)}{\frac{54}{5} \sin\alpha \cos\alpha} \left(2\,Q + \frac{\sigma_3(Q)}{\frac{54}{5} \sin\alpha \cos\alpha}\right)}$$

besteht ([3], S. 158). Offensichtlich ist die rechte Seite der letzteren Ungleichung kleiner als Q.

Eine Majorante der Reihe (2.5.4.1) ist die Entwicklung des Ausdruckes

$$\left.\frac{Q}{2\left(2+\dfrac{\sigma_3(Q)}{\frac{54}{5}Q\sin\alpha\cos\alpha}\right)}\left(1+\frac{\sigma}{\frac{54}{5}Q\sin\alpha\cos\alpha}-\sqrt{1-2\left(3+\dfrac{\sigma_3(Q)}{\frac{27}{5}Q\sin\alpha\cos\alpha}\right)\tilde{\sigma}+\tilde{\sigma}^2}\right)\quad\left(\tilde{\sigma}=\frac{\sigma}{\frac{54}{5}Q\sin\alpha\cos\alpha}\right)\right\}, \tag{2.5.4.11}$$

nach Potenzen von σ ([1], S. 196). Da die in (2.5.4.11) stehende Quadratwurzel für

$$|\tilde{\sigma}| \leqq 3+\frac{\sigma_3(Q)}{\frac{27}{5}Q\sin\alpha\cos\alpha}-\sqrt{8+\frac{\sigma_3(Q)}{\frac{27}{5}Q\sin\alpha\cos\alpha}\left(6+\frac{\sigma_3(Q)}{\frac{27}{5}Q\sin\alpha\cos\alpha}\right)} \tag{2.5.4.12}$$

die absolut konvergente Potenzreihenentwicklung

$$1-\left(3+\frac{\sigma_3(Q)}{\frac{27}{5}Q\sin\alpha\cos\alpha}\right)\tilde{\sigma}+\sum_{n=2}^{\infty}C_n^{-1/2}\left(3+\frac{\sigma_3(Q)}{\frac{27}{5}Q\sin\alpha\cos\alpha}\right)\tilde{\sigma}^n$$

hat, wo $C_n^{-1/2}(x)$ das GEGENBAUERsche Polynom n-ten Grades mit dem Hochindex $-\frac{1}{2}$ ist, hat man bei den σ-Werten, welche den der Ungleichung (2.5.4.12) genügenden $\tilde{\sigma}$-Werten entsprechen, für die Funktion (2.5.4.11) die konvergente Potenzreihenentwicklung

$$\frac{\sigma}{\frac{54}{5}\sin\alpha\cos\alpha}-\frac{1}{\frac{108}{5}\left(\frac{108}{5}Q\sin\alpha\cos\alpha+\sigma_3(Q)\right)\sin\alpha\cos\alpha}\sum_{n=2}^{\infty}\frac{C_n^{-1/2}\left(3+\dfrac{\sigma_3(Q)}{\frac{27}{5}Q\sin\alpha\cos\alpha}\right)}{\left(\frac{54}{5}Q\sin\alpha\cos\alpha\right)^{n-2}}\sigma^n \text{ [1])}\,. \tag{2.5.4.13}$$

Diese Reihenentwicklung nach Potenzen von σ ist, wie gesagt, eine Majorante der Reihe (2.5.4.1). Durch Betrachtungen, die den im Anschluß an (2.5.2.16) gemachten völlig analog sind, kann man erkennen, daß die Reihe (2.5.4.13) für die Indizes $n \geqq 2$ eine scharfe Majorante vom (2.5.4.1) ist, daß die Schranke für $|\sigma|$, welche der in (2.5.4.12) stehenden Schranke für $|\tilde{\sigma}|$ entspricht, kleiner als die in (2.5.4.10) stehende Schranke für $|\sigma|$ ist und daß entsprechend der Majoranteneigenschaft der Reihe (2.5.4.13) in dieser Reihe die Koeffizienten aller σ-Potenzen positivwertig sind. —

Liegt der Anfangspunkt $P_0(r_0, s_0)$ nahe bei einem der Punkte $P_i(r_i, s_i)$ $(i = 1, 2)$, so kann man zur quantitativen Bestimmung des transformierten Hodographen

[1]) Bezüglich der GEGENBAUERschen Polynome $C_n^{\nu}(x)$ siehe die Fußnote auf S. 41.

die in 2.5.1 bzw. 2.5.2 beschrittenen Wege einschlagen. Diese Verfahrensweise hat jedoch den Nachteil, daß die quantitative Verfolgung des durch P_0 gehenden Hodographen nicht bis in beliebige Nähe von P_1 bzw. P_2 durchführbar ist. In 2.5.5 und 2.5.6 werden für die Fälle, daß P_0 in der Nachbarschaft von P_1 bzw. P_2 liegt, quantitative Verfahren angegeben, welche von dem ebengenannten Nachteil frei sind, d. h. welche die Berechnung des transformierten Hodographen bis in beliebige Nähe von P_1 oder P_2 hin ermöglichen, falls P_0 in einer gewissen Umgebung von P_1 bzw. P_2 liegt.

2.5.5. Der Anfangspunkt ist ein Punkt in der Nachbarschaft von P_1

Es sei P_0 ein Punkt in der Nachbarschaft von P_1, wobei die Präzisierung des Begriffes „Nachbarschaft" noch erfolgen wird. Vorerst soll angenommen werden, daß P_0 ein Punkt im Innern des dritten Quadranten der (r, s)-Ebene ist. Grundlage der Betrachtung ist die Differentialgleichung (2.1.1) mit den für $i = 1$ angenommenen Entwicklungen (2.3.1). Man hat für $i = 1, 2$ die Gleichungen

$$\left.\begin{aligned}
a_{i2} &= -8\sin\alpha\, r_i + 270\,(3\cos^2\alpha - 1)\, r_i^4 - 432\sin\alpha\cos^2\alpha\, r_i^7 \\
&\quad - 528\sin^2\alpha\cos^2\alpha\, r_i^{10}, \\
a_{i3} &= -27\sin\alpha + 360\,(3\cos^2\alpha - 1)\, r_i^3 - 1008\sin\alpha\cos^2\alpha\, r_i^6 \\
&\quad - 1760\sin^2\alpha\cos^2\alpha\, r_i^9, \\
a_{i4} &= 270\,(3\cos^2\alpha - 1)\, r_i^2 - 1512\sin\alpha\cos^2\alpha\, r_i^5 - 3960\sin^2\alpha\cos^2\alpha\, r_i^8, \\
a_{i5} &= 108\,(3\cos^2\alpha - 1)\, r_i - 1512\sin\alpha\cos^2\alpha\, r_i^4 - 6336\sin^2\alpha\cos^2\alpha\, r_i^7, \\
a_{i6} &= 18\,(3\cos^2\alpha - 1) - 1008\sin\alpha\cos^2\alpha\, r_i^3 - 7392\sin^2\alpha\cos^2\alpha\, r_i^6, \\
a_{i7} &= -432\sin\alpha\cos^2\alpha\, r_i^2 - 6336\sin^2\alpha\cos^2\alpha\, r_i^5, \\
a_{i8} &= -108\sin\alpha\cos^2\alpha\, r_i - 3960\sin^2\alpha\cos^2\alpha\, r_i^4, \\
a_{i9} &= -12\sin\alpha\cos^2\alpha - 1760\sin^2\alpha\cos^2\alpha\, r_i^3, \\
a_{i,10} &= -528\sin^2\alpha\cos^2\alpha\, r_i^2, \\
a_{i,11} &= -96\sin^2\alpha\cos^2\alpha\, r_i, \\
a_{i,12} &= -8\sin^2\alpha\cos^2\alpha\,;
\end{aligned}\right\} \tag{2.5.5.1}$$

$$\left.\begin{aligned}
b_{i2} &= -21\cos\alpha\, r_i^3 - 70\sin\alpha\cos\alpha\, r_i^6, \\
b_{i3} &= -27\cos\alpha\, r_i^2 - 154\sin\alpha\cos\alpha\, r_i^5, \\
b_{i4} &= -15\cos\alpha\, r_i - 196\sin\alpha\cos\alpha\, r_i^4, \\
b_{i5} &= -3\cos\alpha - \frac{784}{5}\sin\alpha\cos\alpha\, r_i^3, \\
b_{i6} &= -\frac{392}{5}\sin\alpha\cos\alpha\, r_i^2, \\
b_{i7} &= -\frac{112}{5}\sin\alpha\cos\alpha\, r_i, \\
b_{i8} &= -\frac{14}{5}\sin\alpha\cos\alpha\,;
\end{aligned}\right\} \tag{2.5.5.2}$$

$$c_{i1} = 3\, r_i^2\,, \qquad c_{i2} = 3\, r_i\,, \qquad c_{i3} = 1\,. \tag{2.5.5.3}$$

Es bestehen für $i = 1, 2$ die Ungleichungen

$$\left.\begin{array}{l} |a_{i7}| > |a_{i8}| > |a_{i9}| > |a_{i,10}| > |a_{i,11}| > |a_{i,12}|\,, \\ |b_{i4}| > |b_{i5}| > |b_{i6}| > |b_{i7}| > |b_{i8}|\,. \end{array}\right\} \tag{2.5.5.4}$$

Mit $r_1 = -\sqrt[3]{\dfrac{3}{\sin\alpha}}$ ergeben sich aus (2.3.2), (2.5.5.1), (2.5.5.2), (2.5.5.3) die Gleichungen

$$\begin{aligned}
a_{11} &= -\frac{729}{r_1}(1 + 4\cot^2\alpha)\,, \\
a_{12} &= 729\, r_1\, (1 + 12\cot^2\alpha)\sin\alpha\,, \\
a_{13} &= 81\,(13 + 448\cot^2\alpha)\sin\alpha\,, \\
a_{14} &= \frac{162}{r_1}(5 + 566\cot^2\alpha)\sin\alpha\,, \\
a_{15} &= -108\, r_1\,(1 + 483\cos^2\alpha)\,, \\
a_{16} &= -18\,(1 + 3525\cos^2\alpha)\,, \\
a_{17} &= -\frac{55728}{r_1}\cos^2\alpha\,, \\
a_{18} &= 11772\, r_1 \sin\alpha\cos^2\alpha\,, \\
a_{19} &= 5268\sin\alpha\cos^2\alpha\,, \\
a_{1,10} &= \frac{1584}{r_1}\sin\alpha\cos^2\alpha\,, \\
a_{1,11} &= -96\, r_1\sin^2\alpha\cos^2\alpha\,, \\
a_{1,12} &= -8\sin^2\alpha\cos^2\alpha\,;
\end{aligned}$$

$$\begin{aligned}
b_{11} &= -108\, r_1\cot\alpha\,, \\
b_{12} &= -567\cot\alpha\,, \\
b_{13} &= -\frac{1305}{r_1}\cot\alpha\,, \\
b_{14} &= 573\, r_1\cos\alpha\,, \\
b_{15} &= \frac{2337}{5}\cos\alpha\,, \\
b_{16} &= \frac{1176}{5\, r_1}\cos\alpha\,, \\
b_{17} &= -\frac{112}{5}\, r_1\sin\alpha\cos\alpha\,, \\
b_{18} &= -\frac{14}{5}\sin\alpha\cos\alpha\,;
\end{aligned}$$

$$c_{10} = -\frac{3}{\sin\alpha}\,, \qquad c_{11} = -\frac{9}{r_1\sin\alpha}\,, \qquad c_{12} = 3\, r_1\,, \qquad c_{13} = 1\,.$$

Führt man in (2.1.1) durch

$$r - r_1 = U_1 \cos\psi_1\,, \qquad s - s_1 = U_1 \sin\psi_1 \qquad (U_1 \geqq 0)$$

Polarkoordinaten mit P_1 als Mittelpunkt ein, so erhält man

$$\frac{\dfrac{dU_1}{d\psi_1}\sin\psi_1 + U_1\cos\psi_1}{\dfrac{dU_1}{d\psi_1}\cos\psi_1 - U_1\sin\psi_1} = \frac{\sum\limits_{n=0}^{11} a_{1,n+1}\cos^{n+1}\psi_1\, U_1^n}{\sum\limits_{n=0}^{7} b_{1,n+1}\cos^{n+1}\psi_1\, U_1^n + \sum\limits_{n=0}^{3} c_{1n}\sin\psi_1\cos^n\psi_1\, U_1^n}$$

und daraus die Differentialgleichung

$$\frac{dU_1}{d\psi_1} = U_1 \frac{\sum\limits_{n=0}^{11} A_{1n}(\psi_1)\, U_1^n}{\sum\limits_{n=0}^{11} B_{1n}(\psi_1)\, U_1^n} \tag{2.5.5.5}$$

mit

$$\left.\begin{aligned}
&A_{1n}(\psi_1) = \alpha_{1n}\sin\psi_1\cos^{n+1}\psi_1 + \beta_{1n}\cos^{n+2}\psi_1\,,\\
&B_{1n}(\psi_1) = \gamma_{1n}\sin^2\psi_1\cos^n\psi_1 - \beta_{1n}\sin\psi_1\cos^{n+1}\psi_1 + \delta_{1n}\cos^{n+2}\psi_1\,;\\
&\alpha_{1n} = a_{1,n+1} + c_{1n}\,, \beta_{1n} = b_{1,n+1}\,, \gamma_{1n} = -c_{1n}\,, \delta_{1n} = a_{1,n+1}\\
&(b_{1m} = 0 \quad \text{für} \quad m = 9, 10, 11, 12\,;\, c_{1m} = 0 \quad \text{für} \quad n = 4, \ldots, 11)\,;
\end{aligned}\right\} \tag{2.5.5.6}$$

wegen $4\,\gamma_{10}\,\delta_{10} - \beta_{10}^2 = (54\,r_1)^2 > 0$ ist die Funktion $B_{10}(\psi_1)$ eine definite quadratische Form in $\sin\psi_1$, $\cos\psi_1$. Bei P_0 werde die U_1-Koordinate mit c_1 und die ψ_1-Koordinate mit ψ_1^0 bezeichnet ($c_1 > 0$). Macht man als Lösung von (2.5.5.5) den Ansatz

$$U_1 = \sum_{n=1}^{\infty} U_{1n}(\psi_1)\, c_1^n \quad \text{mit} \quad U_{11}(\psi_1^0) = 1\,, \quad U_{1n}(\psi_1^0) = 0 \quad \text{für} \quad n = 2, 3, 4, \ldots, \tag{2.5.5.7}$$

so erhält man mit Größen $V_{1n}^{(\nu)}(\psi_1)$, welche durch die erzeugende Identität

$$\left(\sum_{n=0}^{\infty} U_{1,n+1}(\psi_1)\, z^n\right)^{\nu} = \sum_{n=0}^{\infty} V_{1n}^{(\nu)}(\psi_1)\, z^n \qquad (\nu = 0, 1, 2, \ldots)$$

erklärt sind[1]), die als Identität in c_1 aufzufassende Gleichung

$$\sum_{n=0}^{\infty} U'_{1,n+1}(\psi_1)\, c_1^n = \frac{\sum\limits_{n=0}^{\infty}\left(\sum\limits_{\nu=0}^{\mathrm{Min}(11,n)} A_{1\nu}(\psi_1)\, V_{1,n-\nu}^{(\nu+1)}(\psi_1)\right) c_1^n}{\sum\limits_{n=0}^{\infty}\left(\sum\limits_{\nu=0}^{\mathrm{Min}(11,n)} B_{1\nu}(\psi_1)\, V_{1,n-\nu}^{(\nu)}(\psi_1)\right) c_1^n}\,. \tag{2.5.5.8}$$

Wenn man in (2.5.5.8) die rechte Seite als Reihe nach Potenzen von c_1 schreibt und alsdann die Koeffizienten gleicher Potenzen von c_1 miteinander vergleicht, so erhält man für die Funktionen $U_{1n}(\psi_1)$ Differentialgleichungen erster Ordnung,

---

[1]) Zur Berechnung der Potenz einer Potenzreihe siehe [16], S. 14. Es heißt dort: „Potenzieren von Potenzreihen.

$$\left(\sum_{k=0}^{\infty} a_k x^k\right)^n = \sum_{k=0}^{\infty} c_k x^k \text{ mit } c_0 = a_0^n,\ c_m = \frac{1}{m\,a_0}\sum_{k=1}^{m}(k\,n - m + k)\, a_k\, c_{m-k}$$

für $m \geqq 1$ (n ist eine natürliche Zahl)."

welche, wie unmittelbar die Differentialgleichung (2.5.5.5) erkennen läßt, die Gestalt

$$U'_{11}(\psi_1) = \frac{A_{10}(\psi_1)}{B_{10}(\psi_1)} U_{11}(\psi_1)\,,$$

$$U'_{1n}(\psi_1) = \frac{A_{10}(\psi_1)}{B_{10}(\psi_1)} U_{1n}(\psi_1) + F_{1n}(\psi_1;\, U_{11}(\psi_1), \ldots, U_{1,n-1}(\psi_1))$$

$$(n = 2, 3, 4, \ldots)$$

haben, wo die $F_{1n}(\psi_1;\, U_{11}, \ldots, U_{1,n-1})$ stetige Funktionen ihrer Argumente sind und des näheren

$$F_{12}(\psi_1;\, U_{11}) = \left(\frac{A_{11}(\psi_1)}{B_{10}(\psi_1)} - \frac{A_{10}(\psi_1)\, B_{11}(\psi_1)}{B_{10}(\psi_1)^2}\right) U_{11}^2$$

ist[1]). Eine partikuläre Lösung der Differentialgleichung für $U_{11}(\psi_1)$ ist der reziproke Wert der Funktion

$$\sqrt{a_{11}\cos^2\psi_1 - b_{11}\sin\psi_1\cos\psi_1 - r_1^3\sin^2\psi_1}$$
$$\exp\left[(2\cot\alpha)\arctan\left(\frac{\tan\psi_1}{9\,r_1\sin\alpha} + 2\cot\alpha\right)\right].$$

Folglich gelten zur Bestimmung der Funktionen $U_{1n}(\psi_1)$ die Rekursionsformeln

$$\left.\begin{aligned}
U_{11}(\psi_1) &= \frac{\sqrt{a_{11}\cos^2\psi_1^0 - b_{11}\sin\psi_1^0\cos\psi_1^0 - r_1^3\sin^2\psi_1^0}}{\sqrt{a_{11}\cos^2\psi_1 - b_{11}\sin\psi_1\cos\psi_1 - r_1^3\sin^2\psi_1}} \to \\
&\to \frac{\exp\left[(2\cot\alpha)\arctan\left(\frac{\tan\psi_1^0}{9\,r_1\sin\alpha} + 2\cot\alpha\right)\right]}{\exp\left[(2\cot\alpha)\arctan\left(\frac{\tan\psi_1}{9\,r_1\sin\alpha} + 2\cot\alpha\right)\right]}, \\
U_{1n}(\psi_1) &= \frac{\int\limits_{\psi_1^0}^{\psi_1}\sqrt{a_{11}\cos^2\xi - b_{11}\sin\xi\cos\xi - r_1^3\sin^2\xi}}{\sqrt{a_{11}\cos^2\psi_1 - b_{11}\sin\psi_1\cos\psi_1 - r_1^3\sin^2\psi_1}} \to \\
&\to \frac{\exp\left[(2\cot\alpha)\arctan\left(\frac{\tan\xi}{9\,r_1\sin\alpha} + 2\cot\alpha\right)\right] F_{1n}(\xi;\, U_{11}(\xi), \ldots, U_{1,n-1}(\xi))\, d\xi}{\exp\left[(2\cot\alpha)\arctan\left(\frac{\tan\psi_1}{9\,r_1\sin\alpha} + 2\cot\alpha\right)\right]} \\
&(n = 2, 3, 4, \ldots)\,.
\end{aligned}\right\}$$

(2.5.5.9)

[1]) Zur Berechnung des Quotienten zweier Potenzreihen siehe [16], S. 14. Es heißt dort: „Division von Potenzreihen.

$$\frac{\sum\limits_{k=0}^{\infty} b_k x^k}{\sum\limits_{k=0}^{\infty} a_k x^k} = \frac{1}{a_0}\sum_{k=0}^{\infty} c_k x^k \quad \text{mit} \quad c_n + \frac{1}{a_0}\sum_{k=1}^{n} c_{n-k}\, a_k - b_n = 0$$

$$\text{oder } c_n = \frac{(-1)^n}{a_0^n}\begin{vmatrix}
a_1 & b_0 - a_0 b_1 & a_0 & 0 & \ldots 0 \\
a_2 & b_0 - a_0 b_2 & a_1 & a_0 & \ldots 0 \\
a_3 & b_0 - a_0 b_3 & a_2 & a_1 & \ldots 0 \\
\cdots & \cdots & \cdots & \cdots & \cdots \\
\cdots & \cdots & \cdots & \cdots & \cdots \\
a_{n-1} & b_0 - a_0 b_{n-1} & a_{n-2} & a_{n-3} & \ldots a_0 \\
a_n & b_0 - a_0 b_n & a_{n-1} & a_{n-2} & \ldots a_1
\end{vmatrix}.\text{“}$$

Für die Konstruktion eines Konvergenzintervalles der Potenzreihe (2.5.5.7), deren Koeffizienten $U_{1n}(\psi_1)$ die durch (2.5.5.9) erklärten Funktionen sind, werden als erstes die aus (2.5.5.6) folgenden Abschätzungen

$$2\,|B_{10}(\psi_1)| \geqq a_{11} - c_{10} - \sqrt{(a_{11}+c_{10})^2 + b_{11}^2} > 0\,, \qquad (2.5.5.10)$$

$$2\,|B_{1n}(\psi_1)| \leqq \left\{\begin{array}{lll} (-1)^n\,(a_{1,n+1} - c_{1n}) + \sqrt{(a_{1,n+1}+c_{1n})^2 + b_{1,n+1}^2} & & \\ & \text{für} & n = 1, 2, 3 \\ 2\sqrt{a_{1,n+1}^2 + b_{1,n+1}^2} & \text{für} & n = 4, 5, 6, 7 \\ 2\,|a_{1,n+1}| & \text{für} & n = 8, 9, 10, 11 \end{array}\right\} \qquad (2.5.5.11)$$

festgestellt. Es sei Ω_1 die größte der in (2.5.5.11) rechts von der geschweiften Klammer stehenden positiven Zahlen; den Ungleichungen (2.5.5.4) zufolge kann man

$$\begin{aligned}\Omega_1 = \operatorname{Max}\big(&2\sqrt{a_{17}^2+b_{17}^2}\,,\ 2\sqrt{a_{16}^2+b_{16}^2}\,,\ 2\sqrt{a_{15}^2+b_{15}^2}\,,\ c_{13}-a_{14}\\ &+\sqrt{(a_{14}+c_{13})^2+b_{14}^2}\,,\ a_{13}-c_{12}+\sqrt{(a_{13}+c_{12})^2+b_{13}^2}\,,\\ &c_{11}-a_{12}+\sqrt{(a_{12}+c_{11})^2+b_{12}^2}\big)\end{aligned}$$

schreiben. Ist

$$K_1 = \frac{a_{11}-c_{10}-\sqrt{(a_{11}+c_{10})^2+b_{11}^2}}{a_{11}-c_{10}-\sqrt{(a_{11}+c_{10})^2+b_{11}^2}+\Omega_1}\,,$$

so gilt gemäß (2.5.5.10) und (2.5.5.11) für alle reellen und auch komplexen Werte U_1, die der Ungleichung $|U|_1 \leqq K_1$ genügen, die Ungleichung

$$\begin{aligned}&\left|2\sum_{n=0}^{11} B_{1n}(\psi_1)\,U_1^n\right|\\ &> a_{11}-c_{10}-\sqrt{(a_{11}+c_{10})^2+b_{11}^2} - \Omega_1\sum_{n=1}^{11}K_1^n = \Omega_1\sum_{n=12}^{\infty}K_1^n > 0\,.\end{aligned}$$

Es ist somit die Größe

$$\Lambda_1 = 2\,\frac{\sum_{n=0}^{3}\sqrt{(a_{1,n+1}+c_{1n})^2+b_{1,n+1}^2}\,K_1^n + \sum_{n=4}^{7}\sqrt{a_{1,n+1}^2+b_{1,n+1}^2}\,K_1^n + \sum_{n=8}^{11}|a_{1,n+1}|\,K_1^n}{a_{11}-c_{10}-\sqrt{(a_{11}+c_{10})^2+b_{11}^2} - \sum_{n=1}^{3}\Big[(-1)^n(a_{1,n+1}-c_{1n}) + \sqrt{(a_{1,n+1}+c_{1n})^2+b_{1,n+1}^2}\Big]K_1^n - 2\sum_{n=4}^{7}\sqrt{a_{1,n+1}^2+b_{1,n+1}^2}\,K_1^n - 2\sum_{n=8}^{11}|a_{1,n+1}|\,K_1^n}$$

eine positive Zahl, und es besteht der Sachverhalt, daß die rechte Seite der Differentialgleichung (2.5.5.5) für reelle und komplexe Werte U_1 des Bereiches $|U_1| \leqq K_1$ und Werte ψ_1 eines beliebigen abgeschlossenen ψ_1-Intervalls eine analytische Funktion von U_1, ψ_1 ist, welche daselbst einen absoluten Betrag hat, der kleiner als der Wert $K_1 \Lambda_1$ ist[1]). Die Reihe (2.5.5.7) ist absolut konvergent für Wertepaare c_1, ψ_1, für die $0 < c_1 < K_1$ und $|\psi_1 - \psi_1^0| \leqq \frac{K_1 - c_1}{K_1 \Lambda_1} = \frac{1}{\Lambda_1}\left(1 - \frac{c_1}{K_1}\right)$ gilt ([2], S. 12).

Durch die Konstante K_1 ist die am Anfang von 2.5.5. genannte „Nachbarschaft" von P_1 erklärt: Zur Nachbarschaft von P_1 sollen alle Punkte P_0 gehören, deren Abstand von P_1 in der (r, s)-Ebene kleiner als K_1 ist.

Aus den Ausführungen in [8], S. 222—223, ergibt sich folgendes:

a) Bei Werten $c_1, \psi_1, c_1 > 0$, für welche

$$\frac{c_1}{K_1} e^{\Lambda_1 |\psi_1 - \psi_1^0| - \frac{c_1}{K_1}} \leqq \frac{1}{e} \tag{2.5.5.12}$$

gilt, konvergiert die Reihe

$$\sum_{n=1}^{\infty} \frac{n^{n-1}}{n!} \left(\frac{c_1}{K_1} e^{\Lambda_1 |\psi_1 - \psi_1^0| - \frac{c_1}{K_1}}\right)^n \text{ [2]}) . \tag{2.5.5.13}$$

b) Die Entwicklung der mit K_1 multiplizierten Reihe (2.5.5.13) nach Potenzen von c_1 ist eine Majorante der Reihe (2.5.5.7), und es ist diese Majorante bei von ψ_1^0 verschiedenen Werten ψ_1 eine für alle Indizes n scharfe Majorante.

Die Entwicklung von (2.5.5.13) nach Potenzen von c_1 ist für Werte $c_1 > 0$ vorhanden, welche der Ungleichung

$$\frac{c_1}{K_1} + \ln \frac{c_1}{K_1} \leqq -(1 + \Lambda_1 |\psi_1 - \psi_1^0|) \tag{2.5.5.14}$$

genügen. Für diese Werte von c_1 hat nämlich bei der Reihenentwicklung des Ausdrucks $\frac{c_1}{K_1} e^{\Lambda_1 |\psi_1 - \psi_1^0| - \frac{c_1}{K_1}}$ nach Potenzen von c_1 die aus den absoluten Beiträgen der Reihenglieder gebildete Reihe, deren Summe ja $\frac{c_1}{K_1} e^{\Lambda_1 |\psi_1 - \psi_1^0| + \frac{c_1}{K_1}}$ ist, einen Summenwert, der nicht größer als $\frac{1}{e}$ ist. Bei den genannten Werten von c_1 ist

$$\begin{aligned}
K_1 \sum_{n=1}^{\infty} \frac{n^{n-1}}{n!} \left(\frac{c_1}{K_1} e^{\Lambda_1 |\psi_1 - \psi_1^0| - \frac{c_1}{K_1}}\right)^n &= \sum_{n=1}^{\infty} \frac{n_{n-1}}{n!} e^{n\left(\Lambda_1 |\psi_1 - \psi_1^0| - \frac{c_1}{K_1}\right)} \frac{c_1^n}{K_1^{n-1}} \\
&= c_1 \sum_{m=0}^{\infty} \sum_{\nu=0}^{\infty} (-1)^\nu \frac{(m+1)^{m+\nu}}{(m+1)!\,\nu!} e^{(m+1) \Lambda_1 |\psi_1 - \psi_1^0|} \left(\frac{c_1}{K_1}\right)^{m+\nu} \\
&= c_1 \sum_{n=0}^{\infty} \left(\sum_{\nu=0}^{n} (-1)^\nu \frac{(n-\nu+1)^{n-1}}{(n-\nu)!\,\nu!} e^{(n-\nu+1) \Lambda_1 |\psi_1 - \psi_1^0}\right) \left(\frac{c_1}{K_1}\right)^n .
\end{aligned}$$

---

[1]) Die Erweiterung der in 1 gegebenen Erklärung einer reellen analytischen Funktion zweier Veränderlicher auf den Fall komplexer Werte einer dieser Veränderlichen ist unmittelbar klar.

[2]) In [8], S. 221, wird bewiesen, daß die Reihe $\xi = \sum_{n=1}^{\infty} \frac{n^{n-1}}{n!} \eta^n$ den Konvergenzradius $\frac{1}{e}$ hat und im Intervall $0 \leqq \xi \leqq 1$ die Identität $\xi \equiv \sum_{n=1}^{\infty} \frac{n^{n-1}}{n!} (\xi e^{-\xi})^n$ besteht.

Eine bei von ψ_1^0 verschiedenen Werten ψ_1 für alle Indizes n scharfe Majorante der Reihe (2.5.5.7) ist somit die Reihe

$$\sum_{n=1}^{\infty} \frac{1}{K_1^{n-1}} \left(\sum_{\nu=0}^{n-1} (-1)^{\nu} \frac{(n-\nu)^{n-2}}{(n-\nu-1)!\,\nu!} e^{(n-\nu)\,\Lambda_1|\psi_1-\psi_1^0|} \right) c_1^n , \qquad (2.5.5.15)$$

und diese Reihe ist konvergent bei positiven Werten c_1, welche der Ungleichung (2.5.5.14) genügen. Ist $\psi_1 = \psi_1^0$, so nimmt der in (2.5.5.15) in runden Klammern stehende Ausdruck im Fall $n = 1$ den Wert Eins und in den Fällen $n = 2, 3, \ldots$ den Wert Null an ([14], § 157 Formel (17)). Die in (2.5.5.15) bei den c_1^n stehenden Koeffizienten sind für $\psi_1 = \psi_1^0$ folglich den entsprechenden Koeffizienten in der Reihe (2.5.5.7) gleich.

Wird bei vorgegebenem Wert $|\psi_1 - \psi_1^0|$ der Wert der Reihe (2.5.5.13), deren Konvergenz vorausgesetzt, gleich $\frac{c_1}{K_1} + \zeta_1$ gesetzt, so ist ζ_1 wegen des Bestehens der in der zweiten Fußnote von S. 56 stehenden Identität diejenige Lösung der Gleichung

$$\left(\frac{c_1}{K_1} + \zeta_1\right) e^{-\frac{c_1}{K_1} - \zeta_1} = \frac{c_1}{K_1} e^{\Lambda_1|\psi_1-\psi_1^0| - \frac{c_1}{K_1}}$$

und folglich der Gleichung

$$1 + \frac{K_1}{c_1}\zeta_1 = e^{\Lambda_1|\psi_1-\psi_1^0|}\, e^{\zeta_1} ,$$

welche für $\psi_1 = \psi_1^0$ den Wert Null annimmt. Es ist hiernach ζ_1 in einem cartesischen (x, y)-Koordinatensystem der x-Wert des nächst der y-Achse liegenden Schnittpunktes der beiden Kurven $y = 1 + \frac{K_1}{c_1} x$ und $y = e^{\Lambda_1|\psi_1-\psi_1^0|}\, e^{x}$. Man hat auf diese Weise eine bequeme Möglichkeit der graphischen Ermittlung von ζ_1. Die genannten beiden Kurven haben in der (x, y)-Ebene genau dann keinen Schnittpunkt, wenn die Ungleichung (2.5.5.12) nicht erfüllt ist.

Die gemachten Betrachtungen erweisen die absolute Konvergenz der Reihe (2.5.5.7) bei Werten c_1 mit $0 < c_1 < K_1$ und Werten ψ_1, für die $\Lambda_1 |\psi_1 - \psi_1^0|$ entweder die Schranke $1 - \frac{c_1}{K_1}$ oder die Schranke $-1 - \frac{c_1}{K_1} - \ln \frac{c_1}{K_1}$ nicht übersteigt. Für Werte c_1 mit $0 < c_1 < K_1$ ist $1 - \frac{c_1}{K_1} \lesseqgtr -1 - \frac{c_1}{K_1} - \ln \frac{c_1}{K_1}$, je nachdem $c_1 \gtreqless \frac{K_1}{e^2}$ gilt. Man wird deshalb bei der Reihe (2.5.5.7) einen Bereich absoluter Konvergenz im Fall $0 < c_1 < \frac{K_1}{e^2}$ durch die Ungleichung

$$\Lambda_1 |\psi_1 - \psi_1^0| \leqq -1 - \frac{c_1}{K_1} - \ln \frac{c_1}{K_1}$$

und im Fall $\frac{K_1}{e^2} \leqq c_1 < K_1$ durch die Ungleichung

$$\Lambda_1 |\psi_1 - \psi_1^0| \leqq 1 - \frac{c_1}{K_1}$$

kennzeichnen.

2.5.6. Der Anfangspunkt ist ein Punkt in der Nachbarschaft von P_2

Es sei P_0 ein Punkt in der Nachbarschaft von P_2, wobei die Präzisierung des Begriffes ,,Nachbarschaft" noch erfolgen wird. Vorerst wird angenommen, daß P_0 ein Punkt im Innern des ersten Quadranten der (r, s)-Ebene ist. Grundlage der Betrachtung ist die Differentialgleichung (2.1.1) mit den für $i = 2$ genommenen Entwicklungen (2.3.1). Gemäß (2.3.2), (2.5.5.1), (2.5.5.2), (2.5.5.3) hat man mit $r_2 = \sqrt[3]{\frac{3}{2 \sin \alpha}}$ die Gleichungen

$$\left.\begin{aligned}
a_{21} &= -\frac{729}{2 r_2}(1 + \cot^2 \alpha)\,, \\
a_{22} &= -486\, r_2 (1 + 4 \cot^2 \alpha) \sin \alpha\,, \\
a_{23} &= -81\,(7 + 88 \cot^2 \alpha) \sin \alpha\,, \\
a_{24} &= -\frac{81}{r_2}(5 + 197 \cot^2 \alpha) \sin \alpha\,, \\
a_{25} &= -108\, r_2 (1 + 150 \cos^2 \alpha)\,, \\
a_{26} &= -18\,(1 + 1005 \cos^2 \alpha)\,, \\
a_{27} &= -\frac{14904}{r_2} \cos^2 \alpha\,, \\
a_{28} &= -6048\, r_2 \sin \alpha \cos^2 \alpha\,, \\
a_{29} &= -2652 \sin \alpha \cos^2 \alpha\,, \\
a_{2,10} &= -\frac{792}{r_2} \sin \alpha \cos^2 \alpha\,, \\
a_{2,11} &= -96\, r_2 \sin^2 \alpha \cos^2 \alpha\,, \\
a_{2,12} &= -8 \sin^2 \alpha \cos^2 \alpha\,; \\
b_{21} &= -\frac{81}{2} r_2 \cot \alpha\,, \\
b_{22} &= -189 \cot \alpha\,, \\
b_{23} &= -\frac{387}{r_2} \cot \alpha\,, \\
b_{24} &= -309\, r_2 \cos \alpha\,, \\
b_{25} &= -\frac{1191}{5} \cos \alpha\,, \\
b_{26} &= -\frac{588}{5 r_2} \cos \alpha\,, \\
b_{27} &= -\frac{112}{5} r_2 \sin \alpha \cos \alpha\,, \\
b_{28} &= -\frac{14}{5} \sin \alpha \cos \alpha\,; \\
c_{20} &= \frac{3}{2 \sin \alpha}\,, \qquad c_{21} = \frac{9}{2 r_2 \sin \alpha}\,, \\
c_{22} &= 3\, r_2\,, \qquad c_{23} = 1\,.
\end{aligned}\right\} \qquad (2.5.6.1)$$

Im weiteren werden nunmehr bezüglich des Wertes von α in gleicher Weise wie in 2.3 die drei Fälle $\arcsin\frac{1}{3} < \alpha < \frac{\pi}{2}$, $0 < \alpha < \arcsin\frac{1}{3}$ und $\alpha = \arcsin\frac{1}{3}$ unterschieden. Der erstgenannte Fall ist der sportpraktische Fall (vgl. [11]).

2.5.6.1. Der Fall $\arcsin\frac{1}{3} < \alpha < \frac{\pi}{2}$

Führt man durch

$$r - r_2 = U_2 \cos\psi_2 , \qquad s - s_2 = U_2 \sin\psi_2 \qquad (U_2 \geqq 0)$$

Polarkoordinaten mit P_2 als Mittelpunkt ein, so erhält man

$$\frac{\dfrac{dU_2}{d\psi_2}\sin\psi_2 + U_2\cos\psi_2}{\dfrac{dU_2}{d\psi_2}\cos\psi_2 - U_2\sin\psi_2} = \frac{\sum\limits_{n=0}^{11} a_{2,n+1}\cos^{n+1}\psi_2\, U_2^n}{\sum\limits_{n=0}^{7} b_{2,n+1}\cos^{n+1}\psi_2\, U_2^n + \sum\limits_{n=0}^{3} c_{2n}\sin\psi_2\cos^n\psi_2\, U_2^n}$$

und daraus die Differentialgleichung

$$\frac{dU_2}{d\psi_2} = U_2\,\frac{\sum\limits_{n=0}^{11} A_{2n}(\psi_2)\, U_2^n}{\sum\limits_{n=0}^{11} B_{2n}(\psi_2)\, U_2^n} \tag{2.5.6.1.1}$$

mit

$$\left.\begin{aligned}
A_{2n}(\psi_2) &= \alpha_{2n}\sin\psi_2\cos^{n+1}\psi_2 + \beta_{2n}\cos^{n+2}\psi_2 ,\\
B_{2n}(\psi_2) &= \gamma_{2n}\sin^2\psi_2\cos^n\psi_2 - \beta_{2n}\sin\psi_2\cos^{n+1}\psi_2 + \delta_{2n}\cos^{n+2}\psi_2 ;\\
\alpha_{2n} &= a_{2,n+1} + c_{2n} ,\ \beta_{2n} = b_{2,n+1} ,\ \gamma_{2n} = -c_{2n} ,\ \delta_{2n} = a_{2,n+1}\\
(b_{2m} &= 0 \quad \text{für} \quad m = 9, 10, 11, 12 ;\ c_{2n} = 0 \quad \text{für} \quad n = 4, \ldots, 11) ;
\end{aligned}\right\} \tag{2.5.6.1.2}$$

wegen $4\,\gamma_{20}\,\delta_{20} - \beta_{20}^2 = \left(\frac{27\,r_2}{2\sin\alpha}\right)^2 (9\sin^2\alpha - 1) > 0$ ist die Funktion $B_{20}(\psi_2)$ eine definite quadratische Form in $\sin\psi_2$, $\cos\psi_2$. Bei P_0 werde die U_2-Koordinate mit c_2 und die ψ_2-Koordinate mit ψ_2^0 bezeichnet ($c_2 > 0$). Macht man als Lösung von (2.5.6.1.1) den Ansatz

$$U_2 = \sum_{n=1}^{\infty} U_{2n}(\psi_2)\, c_2^n \quad \text{mit} \quad U_{21}(\psi_2^0) = 1 , \quad U_{2n}(\psi_2^0) = 0 \quad \text{für} \quad n = 2, 3, 4, \ldots , \tag{2.5.6.1.3}$$

so erhält man mit Größen $V_{2n}^{(\nu)}(\psi_2)$, welche durch die erzeugende Identität

$$\left(\sum_{n=0}^{\infty} U_{2,n+1}(\psi_2)\, z^n\right)^{\nu} \equiv \sum_{n=0}^{\infty} V_{2n}^{(\nu)}(\psi_2)\, z^n \qquad (\nu = 0, 1, 2, \ldots)$$

erklärt sind[1]), die als Identität in c_2 aufzufassende Gleichung

$$\sum_{n=0}^{\infty} U'_{2,n+1}(\psi_2)\, c_2^n = \frac{\sum\limits_{n=0}^{\infty}\left(\sum\limits_{\nu=0}^{\mathrm{Min}(11,n)} A_{2\nu}(\psi_2)\, V_{2,n-\nu}^{(\nu+1)}(\psi_2)\right) c_2^n}{\sum\limits_{n=0}^{\infty}\left(\sum\limits_{\nu=0}^{\mathrm{Min}(11,n)} B_{2\nu}(\psi_2)\, V_{2,n-\nu}^{(\nu)}(\psi_2)\right) c_2^n} . \tag{2.5.6.1.4}$$

---

[1]) Vgl. die Fußnote 1 auf S. 53.

Wenn man in (2.5.6.1.4) die rechte Seite als Reihe nach Potenzen von c_2 schreibt und danach die Koeffizienten gleicher Potenzen von c_2 miteinander vergleicht, so erhält man für die Funktionen $U_{2n}(\psi_2)$ Differentialgleichungen, welche, wie unmittelbar die Differentialgleichung (2.5.6.1.1) erkennen läßt, die Gestalt

$$U'_{21}(\psi_2) = \frac{A_{20}(\psi_2)}{B_{20}(\psi_2)} U_{21}(\psi_2) ,$$

$$U'_{2n}(\psi_2) = \frac{A_{20}(\psi_2)}{B_{20}(\psi_2)} U_{2n}(\psi_2) + F_{2n}\big(\psi_2; U_{21}(\psi_2), \ldots, U_{2,n-1}(\psi_2)\big)$$

$$(n = 2, 3, 4, \ldots)$$

haben, wo die $F_{2n}(\psi_2; U_{21}, \ldots, U_{2,n-1})$ stetige Funktionen ihrer Argumente sind und insbesondere

$$F_{22}(\psi_2; U_{21}) = \left(\frac{A_{21}(\psi_2)}{B_{20}(\psi_2)} - \frac{A_{20}(\psi_2)\, B_{21}(\psi_2)}{B_{20}(\psi_2)^2}\right) U_{21}^2$$

ist[1]). Eine partikuläre Lösung der Differentialgleichung für $U_{21}(\psi_2)$ ist die Funktion

$$\frac{\exp\left[\dfrac{3\cos\alpha}{\sqrt{9\sin^2\alpha - 1}} \arctan \dfrac{\dfrac{2}{9\,r_2}\tan\psi_2 - 3\cos\alpha}{\sqrt{9\sin^2\alpha - 1}}\right]}{\sqrt{r_2^3 \sin^2\psi_2 + b_{21}\sin\psi_2\cos\psi_2 - a_{21}\cos^2\psi_2}} .$$

Folglich gelten zur Bestimmung der Funktionen $U_{2n}(\psi_2)$ die Rekursionsformeln

$$\left.\begin{aligned}
&U_{21}(\psi_2) \\
&= \frac{\sqrt{r_2^3 \sin^2\psi_2^0 + b_{21}\sin\psi_2^0\cos\psi_2^0 - a_{21}\cos^2\psi_2^0}\,\exp\left[\dfrac{3\cos\alpha}{\sqrt{9\sin^2\alpha - 1}} \arctan \dfrac{\dfrac{2}{9\,r_2}\tan\psi_2 - 3\cos\alpha}{\sqrt{9\sin^2\alpha - 1}}\right]}{\sqrt{r_2^3 \sin^2\psi_2 + b_{21}\sin\psi_2\cos\psi_2 - a_{21}\cos^2\psi_2}\,\exp\left[\dfrac{3\cos\alpha}{\sqrt{9\sin^2\alpha - 1}} \arctan \dfrac{\dfrac{2}{9\,r_2}\tan\psi_2^0 - 3\cos\alpha}{\sqrt{9\sin^2\alpha - 1}}\right]}, \\
&U_{2n}(\psi_2) = \frac{\exp\left[\dfrac{3\cos\alpha}{\sqrt{9\sin^2\alpha - 1}} \arctan \dfrac{\dfrac{2}{9\,r_2}\tan\psi_2 - 3\cos\alpha}{\sqrt{9\sin^2\alpha - 1}}\right]}{\sqrt{r_2^3 \sin^2\psi_2 + b_{21}\sin\psi_2\cos\psi_2 - a_{21}\cos^2\psi_2}} \\
&\times \int\limits_{\psi_2^0}^{\psi_2} \frac{\sqrt{r_2^3 \sin^2\xi + b_{21}\sin\xi\cos\xi - a_{21}\cos^2\xi}}{\exp\left[\dfrac{3\cos\alpha}{\sqrt{9\sin^2\alpha - 1}} \arctan \dfrac{\dfrac{2}{9\,r_2}\tan\xi - 3\cos\alpha}{\sqrt{9\sin^2\alpha - 1}}\right]} F_{2n}\big(\xi; U_{21}(\xi), \ldots, U_{2,n-1}(\xi)\big)\, d\xi \\
&(n = 2, 3, 4, \ldots) .
\end{aligned}\right\}$$

(2.5.6.1.5)

[1]) Vgl. die Fußnote 1 auf S. 54.

Für die Konstruktion eines Konvergenzintervalles der Potenzreihe (2.5.6.1.3), deren Koeffizienten $U_{2n}(\psi_2)$ die durch (2.5.6.1.5) erklärten Funktionen sind, werden als erstes die aus (2.5.6.1.2) folgenden Abschätzungen

$$2\,|B_{20}(\psi_2)| \geqq c_{20} - a_{21} - \sqrt{(c_{20} + a_{21})^2 + b_{21}^2} > 0\,, \tag{2.5.6.1.6}$$

$$2\,|B_{2n}(\psi_2)| \leqq \begin{cases} c_{2n} - a_{2,n+1} + \sqrt{(c_{2n} + a_{2,n+1})^2 + b_{2,n+1}^2} & \text{für} \quad n = 1, 2, 3 \\ 2\sqrt{a_{2,n+1}^2 + b_{2,n+1}^2} & \text{für} \quad n = 4, 5, 6, 7 \\ 2\,|a_{2,n+1}| & \text{für} \quad n = 8, 9, 10, 11 \end{cases} \tag{2.5.6.1.7}$$

festgestellt. Es sei Ω_2 die größte der in (2.5.6.1.7) rechts von der geschweiften Klammer stehenden positiven Zahlen; den Ungleichungen (2.5.5.4) zufolge kann man

$$\begin{aligned}\Omega_2 = \operatorname{Max}\Big(&2\sqrt{a_{27}^2 + b_{27}^2}\,,\ 2\sqrt{a_{26}^2 + b_{26}^2}\,,\ 2\sqrt{a_{25}^2 + b_{25}^2}\,,\ c_{23} - a_{24} \\ &+ \sqrt{(c_{23} + a_{24})^2 + b_{24}^2}\,,\ c_{22} - a_{23} + \sqrt{(c_{22} + a_{23})^2 + b_{23}^2}\,,\ c_{21} - a_{22} \\ &+ \sqrt{(c_{21} + a_{22})^2 + b_{22}^2}\Big)\end{aligned}$$

schreiben. Ist

$$K_2 = \frac{c_{20} - a_{21} - \sqrt{(c_{20} + a_{21})^2 + b_{21}^2}}{c_{20} - a_{21} - \sqrt{(c_{20} + a_{21})^2 + b_{21}^2} + \Omega_2}\,,$$

so gilt gemäß (2.5.6.1.6) und (2.5.6.1.7) für alle reellen und auch komplexen Werte U_2, die der Ungleichung $|U_2| \leqq K_2$ genügen, die Ungleichung

$$\left|2 \sum_{n=0}^{11} B_{2n}(\psi_2)\, U_2^n\right|$$

$$> c_{20} - a_{21} - \sqrt{(c_{20} + a_{21})^2 + b_{21}^2} - \Omega_2 \sum_{n=1}^{11} K_2^n = \Omega_2 \sum_{n=12}^{\infty} K_2^n > 0\,.$$

Es ist somit die Größe

$$\Lambda_2 = 2\,\frac{\displaystyle\sum_{n=0}^{3} \sqrt{(c_{2n} + a_{2,n+1})^2 + b_{2,n+1}^2}\, K_2^n + \sum_{n=4}^{7} \sqrt{a_{2,n+1}^2 + b_{2,n+1}^2}\, K_2^n + \sum_{n=8}^{11} |a_{2,n+1}|\, K_2^n}{\displaystyle c_{20} - a_{21} - \sqrt{(c_{20} + a_{21})^2 + b_{21}^2} - \sum_{n=1}^{3} \Big(c_{2n} - a_{2,n+1} + \sqrt{(c_{2n} + a_{2,n+1})^2 + b_{2,n+1}^2}\Big) K_2^n - 2 \sum_{n=4}^{7} \sqrt{a_{2,n+1}^2 + b_{2,n+1}^2}\, K_2^n - 2 \sum_{n=8}^{11} |a_{2,n+1}|\, K_2^n}$$

eine positive Zahl, und es besteht der Sachverhalt, daß die rechte Seite der Differentialgleichung (2.5.6.1.1) für reelle und komplexe Werte U_2 des Bereiches $|U_2| \leq K_2$ und Werte ψ_2 eines beliebigen abgeschlossenen ψ_2-Intervalls eine analytische Funktion von U_2, ψ_2 ist, welche daselbst einen absoluten Betrag hat, der kleiner als der Wert $K_2 \Lambda_2$ ist[1]). Die Reihe (2.5.6.1.3) ist absolut konvergent für

---

[1]) Vgl. die Fußnote 1 auf S. 56.

Wertepaare c_2, ψ_2, für die $0 < c_2 < K_2$ und $|\psi_2 - \psi_2^0| \leqq \frac{K_2 - c_2}{K_2 \Lambda_2} = \frac{1}{\Lambda_2}\left(1 - \frac{c_2}{K_2}\right)$ gilt ([2], S. 12).

Durch die Konstante K_2 ist für den Fall $\arcsin \frac{1}{3} < \alpha < \frac{\pi}{2}$ die am Anfang von 2.5.6. genannte ,,Nachbarschaft" von P_2 erklärt: Zur Nachbarschaft von P_2 sollen alle Punkte P_0 gehören, deren Abstand von P_2 in der (r, s)-Ebene kleiner als K_2 ist.

Man kann nunmehr des weiteren Feststellungen treffen, welche wörtlich mit dem übereinstimmen, was in 2.5.5. zwischen S. 56, Z. 8 und S. 57, Z. 22 gesagt ist, nur daß dort durchweg der Index 1 durch den Index 2 zu ersetzen ist und es sich nicht um die Reihe (2.5.5.7), sondern um die Reihe (2.5.6.1.3) handelt. Es ergibt sich daraufhin die absolute Konvergenz der Reihe (2.5.6.1.3) bei Werten c_2 mit $0 < c_2 < K_2$ und Werten ψ_2, für welche $\Lambda_2 |\psi_2 - \psi_2^0|$ entweder die Schranke $1 - \frac{c_2}{K_2}$ oder die Schranke $-1 - \frac{c_2}{K_2} - \ln \frac{c_2}{K_2}$ nicht übersteigt. Da für Werte c_2, welche dem Intervall $(0; K_2)$ angehören, $1 - \frac{c_2}{K_2} \lesseqgtr -1 - \frac{c_2}{K_2} - \ln \frac{c_2}{K_2}$ gilt, je nachdem $c_2 \lesseqgtr \frac{K_2}{e^2}$ ist, kann bei der Reihe (2.5.6.1.3) ein Bereich absoluter Konvergenz im Fall $0 < c_2 < \frac{K_2}{e^2}$ durch die Ungleichung

$$\Lambda_2 |\psi_2 - \psi_2^0| \leqq -1 - \frac{c_2}{K_2} - \ln \frac{c_2}{K_2}$$

und im Fall $\frac{K_2}{e_2} \leqq c_2 < K_2$ durch die Ungleichung

$$\Lambda_2 |\psi_2 - \psi_2^0| \leqq 1 - \frac{c_2}{K_2}$$

gekennzeichnet werden.

2.5.6.2. Der Fall $0 < \alpha < \arcsin 1/3$

Es sei

$$\mathring{r} = r - r_2\,, \qquad \mathring{s} = s - s_2\,. \tag{2.5.6.2.1}$$

Dann kann die Differentialgleichung (2.1.1) mit den Entwicklungen (2.3.1) als Differentialgleichungssystem

$$\left.\begin{aligned} \mathring{\tau} \frac{d\mathring{r}}{d\mathring{\tau}} &= 2\,\mathring{r} + 2 \frac{c_{20}}{b_{21}} \mathring{s} + \frac{2}{b_{21}} \sum_{n=2}^{8} b_{2n} \mathring{r}^n + \frac{2}{b_{21}} \left(\sum_{n=1}^{3} c_{2n} \mathring{r} \right) \mathring{s}\,, \\ \mathring{\tau} \frac{d\mathring{s}}{d\mathring{\tau}} &= 2 \frac{a_{21}}{b_{21}} \mathring{r} + \frac{2}{b_{21}} \sum_{n=2}^{12} a_{2n} \mathring{r}^n \end{aligned}\right\} \tag{2.5.6.2.2}$$

geschrieben werden, wobei $\mathring{\tau} \geqq 0$ angenommen werden soll. Die charakteristische Matrix des Systems (2.5.6.2.2) ist die Matrix $\begin{pmatrix} 2 & 2\frac{c_{20}}{b_{21}} \\ 2\frac{a_{21}}{b_{21}} & 0 \end{pmatrix}$, welche mit $\varkappa = \frac{\sqrt{1 - 9 \sin^2 \alpha}}{3 \cos \alpha} \left(0 < \varkappa < \frac{1}{3}\right)$ die Eigenwerte $\lambda_1 = 1 - \varkappa$, $\lambda_2 = 1 + \varkappa$ hat. Es gilt $0 < \lambda_1 < \lambda_2$, und es ist der Quotient $\frac{\lambda_2}{\lambda_1}$ keine der natürlichen Zahlen 1,

2, 3, ... Wäre nämlich $\frac{\lambda_2}{\lambda_1}$ eine natürliche Zahl n, so folgte wegen $\frac{\lambda_2}{\lambda_1} + 2 + \frac{\lambda_1}{\lambda_2} = \frac{9}{2}\cos^2\alpha$ die Gleichung $n + 2 + \frac{1}{n} = \frac{9}{2}\cos^2\alpha$, welche für $n = 1$ auf $\alpha = \arcsin\frac{1}{3}$, für $n = 2$ auf $\alpha = 0$ und für alle anderen natürlichen Zahlen n auf keine reellen Werte α mehr führt. Wird

$$U = c_1\,\mathring{\tau}^{\lambda_1}, \quad V = c_2\,\mathring{\tau}^{\lambda_2} \quad (\mathring{\tau} \geqq 0) \tag{2.5.6.2.3}$$

gesetzt, so ergibt sich für $\mathring{r}$ und $\mathring{s}$, als Funktionen von U und V aufgefaßt, das Differentialgleichungssystem

$$\left.\begin{aligned}\lambda_1 U\frac{\partial\mathring{r}}{\partial U} + \lambda_2 V\frac{\partial\mathring{r}}{\partial V} - 2\,\mathring{r} - 2\frac{c_{20}}{b_{21}}\mathring{s} &= \frac{2}{b_{21}}\sum_{n=2}^{8} b_{2n}\,\mathring{r}^n + \frac{2}{b_{21}}\left(\sum_{n=1}^{3} c_{2n}\,\mathring{r}^n\right)\mathring{s}\,,\\ \lambda_1 U\frac{\partial\mathring{s}}{\partial U} + \lambda_2 V\frac{\partial\mathring{s}}{\partial V} - 2\frac{a_{21}}{b_{21}}\mathring{r} &= \frac{2}{b_{21}}\sum_{n=2}^{12} a_{2n}\,\mathring{r}^n\,.\end{aligned}\right\} \tag{2.5.6.2.4}$$

Macht man für (2.5.6.2.4) den Lösungsansatz

$$\mathring{r} = \sum_{\substack{m,n=0\\(m+n\geqq 1)}}^{\infty} \mathring{r}_{mn}\,U^m V^n\,, \quad \mathring{s} = \sum_{\substack{m,n=0\\(m+n\geqq 1)}}^{\infty} \mathring{s}_{mn}\,U^m V^n\,, \tag{2.5.6.2.5}$$

so liefert der Vergleich der bei den Potenzprodukten $U^m V^n$ ($m, n = 0, 1, 2, \ldots$; $m + n \geqq 1$) stehenden Koeffizienten die Gleichungssysteme

$$\left.\begin{aligned}(m\lambda_1 + n\lambda_2 - 2)\,\mathring{r}_{mn} - 2\frac{c_{20}}{b_{21}}\mathring{s}_{mn} &= R_{mn}(\mathring{r}_{\mu\nu}, \mathring{s}_{\mu\nu})\,,\\ (m\lambda_1 + n\lambda_2)\,\mathring{s}_{mn} - 2\frac{a_{21}}{b_{21}}\mathring{r}_{mn} &= S_{mn}(\mathring{r}_{\mu\nu}, \mathring{s}_{\mu\nu})\,,\end{aligned}\right\} \tag{2.5.6.2.6}$$

deren rechte Seiten $R_{mn}(\mathring{r}_{\mu\nu}, \mathring{s}_{\mu\nu})$, $S_{mn}(\mathring{r}_{\mu\nu}, \mathring{s}_{\mu\nu})$ dann, wenn $m + n = 1$ ist, gleich Null und dann, wenn $m + n \geqq 2$ ist, Linearkombinationen von Produkten

$$\mathring{r}_{\mu_1\nu_1}\cdots\mathring{r}_{\mu_i\nu_i}\,, \quad \mathring{r}_{\mu_1\nu_1}\cdots\mathring{r}_{\mu_{i-1}\nu_{i-1}}\,\mathring{s}_{\mu_i\nu_i}$$

$$(\mu_1 + \cdots + \mu_i = m\,, \quad \nu_1 + \cdots + \nu_i = n\,, \quad i \geqq 2)$$

sind. Was den Fall $m + n = 1$ anbelangt, so sind

$$\mathring{r}_{10} = 1\,, \quad \mathring{r}_{01} = -1\,, \quad \mathring{s}_{10} = -\frac{b_{21}\lambda_2}{2c_{20}}\,, \quad \mathring{s}_{01} = \frac{b_{21}\lambda_1}{2c_{20}} \tag{2.5.6.2.7}$$

Lösungen von (2.5.6.2.6), und im Fall $m + n \geqq 2$ ist dank des Sachverhaltes, daß $\frac{\lambda_2}{\lambda_1}$ keiner der natürlichen Zahlen 1, 2, 3, ... gleicht, das System (2.5.6.2.6) eindeutig nach $\mathring{r}_{mn}$, $\mathring{s}_{mn}$ auflösbar mit den Lösungen

$$\left.\begin{aligned}\mathring{r}_{mn} &= \frac{(m\lambda_1 + n\lambda_2)\,R_{mn}(\mathring{r}_{\mu\nu}, \mathring{s}_{\mu\nu}) + 2\frac{c_{20}}{b_{21}}S_{mn}(\mathring{r}_{\mu\nu}, \mathring{s}_{\mu\nu})}{((m-1)\lambda_1 + n\lambda_2)\,(m\lambda_1 + (n-1)\lambda_2)}\,,\\ \mathring{s}_{mn} &= \frac{2\frac{a_{21}}{b_{21}}R_{mn}(\mathring{r}_{\mu\nu}, \mathring{s}_{\mu\nu}) + (m\lambda_1 + n\lambda_2 - 2)\,S_{mn}(\mathring{r}_{\mu\nu}, \mathring{s}_{\mu\nu})}{((m-1)\lambda_1 + n\lambda_2)\,(m\lambda_1 + (n-1)\lambda_2)}\,.\end{aligned}\right\} \tag{2.5.6.2.8}$$

Die Gleichungen (2.5.6.2.8) ermöglichen es, ausgehend von den Werten (2.5.6.2.7) die $\mathring{r}_{mn}$, $\mathring{s}_{mn}$ in der Reihenfolge $m = i$, $n = j - i$; $i = 0, \ldots, j$; $j = 2, 3, \ldots$ rekursiv zu ermitteln[1]).

Für die Konstruktion eines Konvergenzbereiches der Reihen (2.5.6.2.5), deren Koeffizienten $\mathring{r}_{mn}$, $\mathring{s}_{mn}$ gemäß (2.5.6.2.7) und (2.5.6.2.8) ermittelt sind, wird das Differentialgleichungssystem (2.5.6.2.4) durch die Transformation

$$\mathring{r} = \mathring{\xi} - \mathring{\eta}, \qquad \mathring{s} = \frac{b_{21}}{2\,c_{20}}(\lambda_1\,\mathring{\eta} - \lambda_2\,\mathring{\xi}) \tag{2.5.6.2.9}$$

auf die Form

$$\left.\begin{aligned}
&\lambda_1\,U\frac{\partial\mathring{\xi}}{\partial U} + \lambda_2\,V\frac{\partial\mathring{\xi}}{\partial V} - \lambda_1\,\mathring{\xi}\\
&= \frac{\mathring{\xi} - \mathring{\eta}}{\lambda_1 - \lambda_2}\left\{\lambda_1\left[\frac{1}{c_{20}}(\lambda_1\,\mathring{\eta} - \lambda_2\,\mathring{\xi})\sum_{n=0}^{2} c_{2,n+1}(\mathring{\xi} - \mathring{\eta})^n\right.\right.\\
&\quad\left.\left. + \frac{2}{b_{21}}(\mathring{\xi} - \mathring{\eta})\sum_{n=0}^{6} b_{2,n+2}(\mathring{\xi} - \mathring{\eta})^n\right] + \frac{4\,a_{21}\,c_{20}}{b_{21}^2}(\mathring{\xi} - \mathring{\eta})\sum_{n=0}^{10} a_{2,n+2}(\mathring{\xi} - \mathring{\eta})^n\right\},\\
&\lambda_1\,U\frac{\partial\mathring{\eta}}{\partial U} + \lambda_2\,V\frac{\partial\mathring{\eta}}{\partial V} - \lambda_2\,\mathring{\eta}\\
&= \frac{\mathring{\xi} - \mathring{\eta}}{\lambda_1 - \lambda_2}\left\{\lambda_2\left[\frac{1}{c_{20}}(\lambda_1\,\mathring{\eta} - \lambda_2\,\mathring{\xi})\sum_{n=0}^{2} c_{2,n+1}(\mathring{\xi} - \mathring{\eta})^n\right.\right.\\
&\quad\left.\left. + \frac{2}{b_{21}}(\mathring{\xi} - \mathring{\eta})\sum_{n=0}^{6} b_{2,n+2}(\mathring{\xi} - \mathring{\eta})^n\right] + \frac{4\,a_{21}\,c_{20}}{b_{21}^2}(\mathring{\xi} - \mathring{\eta})\sum_{n=0}^{10} a_{2,n+2}(\mathring{\xi} - \mathring{\eta})^n\right\}
\end{aligned}\right\} \tag{2.5.6.2.10}$$

gebracht. Es sei

$$\begin{aligned}
T(H) = \frac{1}{\varkappa}H^2\Bigg(&\frac{1+\varkappa}{c_{20}}\sum_{n=0}^{2} c_{2,n+1}\,H^n + \frac{2}{b_{21}}\sum_{n=0}^{6} b_{2,n+2}\,H^n\\
&+ \frac{4\,a_{21}\,c_{20}}{b_{21}^2}\sum_{n=0}^{10} a_{2,n+2}\,H^n\Bigg).
\end{aligned} \tag{2.5.6.2.11}$$

Von (2.5.6.2.9), (2.5.6.2.10) und (2.5.6.2.11) ausgehend ergibt sich mit Beachtung der Tatsache, daß die Ungleichungen

$$\left.\begin{aligned}(m-1)\,\lambda_1 + n\,\lambda_2\\ m\,\lambda_1 + (n-1)\,\lambda_2\end{aligned}\right\} \geqq (m+n-1)\,(1-3\,\varkappa) \qquad (m+n \geqq 2)$$

gelten, wobei das Gleichheitszeichen nur bei der zweiten Ungleichung im Fall $m = 2$, $n = 0$ eintritt, aus dem in [2], S. 56 Gesagten dann folgendes:

a) Es seien $\mathring{c}_2, \mathring{c}_3, \ldots$ die aus der Identität

$$(1 - 3\,\varkappa)\sum_{k=2}^{\infty}(k-1)\,\mathring{c}_k\,z^k \equiv T\left(z + \sum_{k=2}^{\infty}\mathring{c}_k\,z^k\right)$$

---

[1]) Aus (2.5.6.2.3) und (2.5.6.2.7) folgt $\lim\limits_{\mathring{r}\to+0}\frac{\mathring{s}}{\mathring{r}} = \begin{cases}m_+ \text{ für } c_1 \neq 0,\\ m_- \text{ für } c_1 = 0,\end{cases}$ wobei m_+, m_- die in (2.3.3) stehenden Größen sind.

durch Vergleich der Koeffizienten bei den Potenzen von z erhaltenen Zahlen. Sämtliche $\mathring{c}_k$ sind positiv, und es gelten für $m + n \geqq 2$ die Ungleichungen

$$|\mathring{r}_{mn}| < \binom{m+n}{m} \mathring{c}_{m+n}, \quad |\mathring{s}_{mn}| < \frac{\lambda_2 |b_{21}|}{2\, c_{20}} \binom{m+n}{m} \mathring{c}_{m+n}. \tag{2.5.6.2.12}$$

b) Die für H algebraische Gleichung zwölften Grades

$$T(H) - (1 - 3\varkappa) H + (1 - 3\varkappa) z = 0 \tag{2.5.6.2.13}$$

besitzt genau eine Wurzel der Gestalt

$$H = z + \mathring{c}_2 z^2 + \sum_{k=3}^{\infty} \mathring{\gamma}_k z^k. \tag{2.5.6.2.14}$$

Es gelten die Ungleichungen $\mathring{c}_k < \mathring{\gamma}_k$ $(k \geqq 3)$, d. h. es ist die Reihe (2.5.6.2.14) eine für die Indizes $k \geqq 3$ scharfe Majorante der Reihe

$$z + \sum_{k=2}^{\infty} \mathring{c}_k z^k. \tag{2.5.6.2.15}$$

Aus (2.5.6.2.12) folgen mit $\mathring{c}_1 = 1$ die Ungleichungen

$$\left.\begin{aligned} &\sum_{\substack{m,n=0\\(m+n\geqq 1)}}^{\infty} |\mathring{r}_{mn}|\, |U|^m\, |V|^n \leqq \sum_{k=1}^{\infty} \mathring{c}_k (|U| + |V|)^k, \\ &\sum_{\substack{m,n=0\\(m+n\geqq 1)}}^{\infty} |\mathring{s}_{mn}|\, |U|^m\, |V|^n \leqq \frac{\lambda_2 |b_{21}|}{2\, c_{20}} \sum_{k=1}^{\infty} \mathring{c}_k (|U| + |V|)^k. \end{aligned}\right\} \tag{2.5.6.2.16}$$

Aus (2.5.6.2.16) geht dann folgendes hervor: Die nach Potenzprodukten $U^m V^n$ $(m, n = 0, 1, 2, \ldots; m + n \geqq 1)$ entwickelte Reihe

$$\sum_{k=1}^{\infty} \mathring{c}_k (U + V)^k \tag{2.5.6.2.17}$$

ist eine für alle Indexpaare m, n, für die $m + n \geqq 2$ gilt, scharfe Majorante der ersten und nach Multiplikation mit $\frac{\lambda_2 |b_{21}|}{2\, c_{20}}$ scharfe Majorante der zweiten Reihe (2.5.6.2.5); falls die Reihe (2.5.6.2.15) für $|z| \leqq Z$ $(Z > 0)$ konvergiert, so ist die nach Potenzprodukten $U^m V^n$ entwickelte Reihe (2.5.6.2.17) für Werte U, V mit $|U| + |V| \leqq Z$ absolut konvergent, d. h. sie ist in der Ebene eines rechtwinkligen cartesischen (U, V)-Koordinatensystems absolut konvergent für die Punkte im Innern und auf dem Rand des Quadrates mit den Ecken $(Z, 0)$, $(0, Z)$, $(-Z, 0)$, $(0, -Z)$.

Die Reihenentwicklung (2.5.6.2.14) ist in der komplexen z-Ebene absolut konvergent im Innern und auf der Peripherie eines jeden Kreises mit dem Punkt $z = 0$ als Mittelpunkt, in dessen Innern und auf dessen Peripherie keine Nullstelle der Diskriminante der linken Seite der algebraischen Gleichung (2.5.6.2.13) liegt. Die ebengenannte Diskriminante ist ein Polynom elften Grades von z mit dem bei z^{11} stehenden Koeffizienten $\frac{2^{90}}{3^{10}} \left(\frac{1}{\varkappa} - 3\right)^{11} \sin^{22} \alpha$.

Es müssen noch die in (2.5.6.2.3) stehenden Konstanten c_1, c_2 aus den Koordinaten r_0, s_0 des Punktes P_0 bestimmt werden. Ist

$$U = \Phi(\mathring{r}, \mathring{s}) , \quad V = \Psi(\mathring{r}, \mathring{s})$$

die Auflösung der nach (2.5.6.2.7) und (2.5.6.2.8) bestimmten Reihen (2.5.6.2.5) nach U und V, so hat man (2.5.6.2.3) zufolge für die Koordinaten r, s der Punkte des transformierten Hodographen die Gleichungen

$$c_1 = \frac{\Phi(r - r_2, s - s_2)}{\mathring{\tau}^{\lambda_1}} , \quad c_2 = \frac{\Psi(r - r_2, s - s_2)}{\mathring{\tau}^{\lambda_2}} \quad (\mathring{\tau} \geqq 0) .$$

Wenn man

$$c_1 = \Phi(r_0 - r_2, s_0 - s_2) , \quad c_2 = \Psi(r_0 - r_2, s_0 - s_2)$$

etzt, so gehört der Punkt P_0 zum Wert $\mathring{\tau} = 1$. Der zwischen P_2 und P_0 liegende Bogen des transformierten Hodographen hat bei dieser Wahl von c_1 und c_2 alsdann die Parameterdarstellung

$$r = r_2 + \sum_{\substack{m, n=0 \\ (m+n \geqq 1)}}^{\infty} \mathring{r}_{mn} c_1^m c_2^n \mathring{\tau}^{m\lambda_1 + n\lambda_2} , \quad s = s_2 + \sum_{\substack{m, n=0 \\ (m+n \geqq 1)}}^{\infty} \mathring{s}_{mn} c_1^m c_2^n \mathring{\tau}^{m\lambda_1 + n\lambda_2} ,$$

wobei $\mathring{\tau}$ das Intervall $0 \leqq \mathring{\tau} \leqq 1$ durchläuft; zu $\mathring{\tau} = 0$ gehört P_2, zu $\mathring{\tau} = 1$ gehört P_0.

Die Funktionen $\Phi(\mathring{r}, \mathring{s})$, $\Psi(\mathring{r}, \mathring{s})$ erhält man in Gestalt von Reihenentwicklungen

$$\left.\begin{aligned} \Phi(\mathring{r}, \mathring{s}) &= \frac{\lambda_1 \mathring{r} + 2 \frac{c_{20}}{b_{21}} \mathring{s}}{\lambda_1 - \lambda_2} + \sum_{\substack{m, n=0 \\ (m+n \geqq 2)}}^{\infty} \Phi_{mn} \mathring{r}^m \mathring{s}^n , \\ \Psi(\mathring{r}, \mathring{s}) &= \frac{\lambda_2 \mathring{r} + 2 \frac{c_{20}}{b_{21}} \mathring{s}}{\lambda_1 - \lambda_2} + \sum_{\substack{m, n=0 \\ (m+n \geqq 2)}}^{\infty} \Psi_{mn} \mathring{r}^m \mathring{s}^n , \end{aligned}\right\} \quad (2.5.6.2.18)$$

wobei ein Konvergenzbereich der Reihen (2.5.6.2.18) nach [18], S. 651—657, folgendermaßen ermittelt werden kann:

Die Reihen (2.5.6.2.5) seien für Werte U, V mit $|U| \leqq \mathring{U}$, $|V| \leqq \mathring{V}$ ($\mathring{U} > 0$, $\mathring{V} > 0$) absolut konvergent. Es sei $\mathring{M} \geqq \mathring{V} + \sum_{m=0}^{\infty} \sum_{n=2}^{\infty} |\mathring{r}_{mn}| \mathring{U}^m \mathring{V}^n$, und es sei $\mathring{U}_1$ eine nicht oberhalb $\mathring{U}$ liegende positive Zahl derart, daß bei einer beliebig gewählten im Intervall $(0; 1)$ liegenden Zahl δ sowie nach Wahl von δ, falls

$$P(\beta, L) = \beta + 2L - 2\sqrt{(\beta + L)L} \quad (\beta \geqq 0 , L \geqq 0)$$

gesetzt wird, einer im Intervall $(0; P(\delta \mathring{V}, \mathring{M}))$ liegenden Zahl $\mathring{M}_0$ die Ungleichungen

$$\sum_{m=1}^{\infty} |\mathring{r}_{m1}| \mathring{U}_1^m \leqq 1 - \delta , \quad \mathring{U}_1 + \sum_{m=2}^{\infty} |\mathring{r}_{m0}| \mathring{U}_1^m \leqq \mathring{M}_0$$

bestehen [Als $\mathring{U}_1$ kann jede Zahl im Intervall

$$\left\langle 0; \frac{\mathring{U}}{1 + \frac{\mathring{M}'}{\operatorname{Min}\,[(1-\delta)\,\mathring{V},\, \mathring{M}_0]}} \right\rangle \quad \text{mit} \quad \mathring{M}' \geqq \left| \sum_{\substack{m,n=0 \\ (m+n \geqq 1)}}^{\infty} \mathring{r}_{mn}\, U^m\, V^n \right|$$

$$(|U| \leqq \mathring{U},\ |V| \leqq \mathring{V})$$

genommen werden]. Weiterhin sei nach Wahl zweier Zahlen $\mathring{N}'$ und $\mathring{N}$ derart, daß

$$\left| \sum_{\substack{m,n=0 \\ (m+n \geqq 1)}}^{\infty} \mathring{s}_{mn}\, U^m\, V^n \right| \leqq \mathring{N}' \ (|U| \leqq \mathring{U}_1,\ |V| \leqq \mathring{V}), \quad \sum_{\substack{m,n=0 \\ (m+n \geqq 1)}}^{\infty} |\mathring{s}_{mn}|\, \mathring{U}_1^m\, \mathring{V}^n \leqq \mathring{N}$$

gilt, sowie einer beliebigen im Intervall (0; 1) gelegenen Zahl δ' und nach Festlegung von δ' einer Zahl $\mathring{N}_0$, die im Intervall $\left(0;\ P\left(\delta' \frac{|b_{21}|}{c_{20}} \varkappa\, \mathring{U}_1,\ \mathring{N}\right)\right)$ liegt, $\mathring{P}_1$ eine Zahl in dem Intervall $\left\langle 0; \frac{P(\delta\,\mathring{V},\,\mathring{M}) - \mathring{M}_0}{1 + \frac{\mathring{N}'}{\operatorname{Min}\left[(1-\delta')\frac{|b_{21}|}{c_{20}}\varkappa\,\mathring{U}_1;\ \mathring{N}_0\right]}} \right\rangle$ [1]). Dann sind die Potenzreihen (2.5.6.2.18) für Werte $\mathring{r}$, $\mathring{s}$ mit

$$|\mathring{r}| \leqq \mathring{P}_1, \quad |\mathring{s}| \leqq P\left(\delta' \frac{|b_{21}|}{c_{20}} \varkappa\, \mathring{U}_1,\ \mathring{N}\right) - \mathring{N}_0 \qquad (2.5.6.2.19)$$

absolut konvergent mit Werten $\Phi(\mathring{r}, \mathring{s})$, $\Psi(\mathring{r}_0, \mathring{s}_0)$, für welche $|\Phi(\mathring{r}, \mathring{s})| < \mathring{U}_1$, $|\Psi(\mathring{r}, \mathring{s})| < \mathring{V}$ gilt.

Durch die Ungleichungen (2.5.6.2.19) ist für den Fall $0 < \alpha < \arcsin \frac{1}{3}$ die am Anfang von 2.5.6. genannte „Nachbarschaft" von P_2 erklärt: Zur Nachbarschaft von P_2 sollen im Fall $0 < \alpha < \arcsin \frac{1}{3}$ alle Punkte $P_0(r_0, s_0)$ gehören, bei denen die Differenzen $\mathring{r} = r_0 - r_2$, $\mathring{s} = s_0 - s_2$ den Ungleichungen (2.5.6.2.19) genügen.

2.5.6.3. Der Fall $\alpha = \arcsin \frac{1}{3}$

Man hat $r_2 = \frac{1}{2}\sqrt[3]{36}$ sowie gemäß (2.5.6.1) die Gleichungen

$$a_{21} = -\frac{2187}{2}\sqrt[3]{6}, \quad a_{22} = -2673\sqrt[3]{36}, \quad a_{23} = -19197,$$

$$a_{24} = -14229\sqrt[3]{6}, \quad a_{25} = -7254\sqrt[3]{36}, \quad a_{26} = -16098,$$

$$a_{27} = -4416\sqrt[3]{6}, \quad a_{28} = -896\sqrt[3]{36}, \quad a_{29} = -\frac{7072}{9},$$

$$a_{2,10} = -\frac{704}{9}\sqrt[3]{6}, \quad a_{2,11} = -\frac{128}{27}\sqrt[3]{36}, \quad a_{2,12} = -\frac{64}{81};$$

---

[1]) Es ist $\varkappa$ der im Anschluß an (2.5.6.2.2) eingeführte Wert.

$$b_{21} = -\frac{81}{2}\sqrt{2}\sqrt[3]{36}\,, \qquad b_{22} = -387\sqrt{2}\,, \qquad b_{23} = -258\sqrt{2}\sqrt[3]{6}\,,$$

$$b_{24} = -103\sqrt{2}\sqrt[3]{36}\,, \qquad b_{25} = -\frac{794}{5}\sqrt{2}\,, \qquad b_{26} = -\frac{392}{15}\sqrt{2}\sqrt[3]{6}\,,$$

$$b_{27} = -\frac{112}{45}\sqrt{2}\sqrt[3]{36}\,, \qquad b_{28} = -\frac{28}{45}\sqrt{2}\,;$$

$$c_{20} = \frac{9}{2}\,, \quad c_{21} = \frac{9}{2}\sqrt[3]{6}\,, \quad c_{22} = \frac{3}{2}\sqrt[3]{36}\,, \quad c_{23} = 1\,.$$

Mit den durch (2.5.6.2.1) erklärten Größen $\mathring{r}$, $\mathring{s}$ kann die Differentialgleichung (2.1.1) mit den Entwicklungen (2.3.1) als Differentialgleichungssystem (2.5.6.2.2) geschrieben werden, wobei $\mathring{\tau} \geqq 0$ angenommen werden soll. Wird

$$U = c_1\,\mathring{\tau}\,, \qquad V = (c_2 - c_1 \ln \mathring{\tau})\,\mathring{\tau} \qquad (\mathring{\tau} \geqq 0) \tag{2.5.6.3.1}$$

gesetzt, so ergibt sich für $\mathring{r}$ und $\mathring{s}$, als Funktionen von U und V aufgefaßt, das Differentialgleichungssystem

$$\left.\begin{aligned} U\frac{\partial \mathring{r}}{\partial U} + (V - U)\frac{\partial \mathring{r}}{\partial V} - 2\,\mathring{r} - 2\frac{c_{20}}{b_{21}}\mathring{s} &= \frac{2}{b_{21}}\sum_{n=2}^{8} b_{2n}\,\mathring{r}^n + \frac{2}{b_{21}}\left(\sum_{n=1}^{3} c_{2n}\,\mathring{r}^n\right)\mathring{s}\,, \\ U\frac{\partial \mathring{s}}{\partial U} + (V - U)\frac{\partial \mathring{s}}{\partial V} - 2\frac{a_{21}}{b_{21}}\mathring{r} &= \frac{2}{b_{21}}\sum_{n=2}^{12} a_{2n}\,\mathring{r}^n\,. \end{aligned}\right\} \tag{2.5.6.3.2}$$

Macht man für (2.5.6.3.2) den Lösungsansatz (2.5.6.2.5), so liefert der Vergleich der bei den Potenzprodukten $U^m V^n$ $(m, n = 0, 1, 2, \ldots;\ m + n \geqq 1)$ stehenden Koeffizienten die Gleichungssysteme

$$\left.\begin{aligned} &(m + n - 2)\,\mathring{r}_{mn} - (n + 1)\,\mathring{r}_{m-1,\,n+1} - 2\frac{c_{20}}{b_{21}}\mathring{s}_{mn} = R_{mn}(\mathring{r}_{\mu\nu}, \mathring{s}_{\mu\nu})\,, \\ &(m + n)\,\mathring{s}_{mn} - (n + 1)\,\mathring{s}_{m-1,\,n+1} - 2\frac{a_{21}}{b_{21}}\mathring{r}_{mn} = S_{mn}(\mathring{r}_{\mu\nu}, \mathring{s}_{\mu\nu}) \\ &(\mathring{r}_{-1,\,n+1} = \mathring{s}_{-1,\,n+1} = 0\,), \end{aligned}\right\} \tag{2.5.6.3.3}$$

deren rechte Seiten $R_{mn}(\mathring{r}_{\mu\nu}, \mathring{s}_{\mu\nu})$, $S_{mn}(\mathring{r}_{\mu\nu}, \mathring{s}_{\mu\nu})$ dann, wenn $m + n = 1$ ist, gleich Null und dann, wenn $m + n \geqq 2$ ist, Linearkombinationen von Produkten

$$\mathring{r}_{\mu_1\nu_1} \cdots \mathring{r}_{\mu_i\nu_i}\,, \qquad \mathring{r}_{\mu_1\nu_1} \cdots \mathring{r}_{\mu_{i-1}\nu_{i-1}}\,\mathring{s}_{\mu_i\nu_i}$$

$$(\mu_1 + \cdots + \mu_i = m\,, \qquad \nu_1 + \cdots + \nu_i = n\,, \qquad i \geqq 2)$$

sind[1]). Im Fall $m + n = 1$ liefert (2.5.6.3.3) für die Koeffizienten $\mathring{r}_{mn}$, $\mathring{s}_{mn}$

[1]) Die Funktionen $R_{mn}(\mathring{r}_{\mu\nu}, \mathring{s}_{\mu\nu})$, $S_{mn}(\mathring{r}_{\mu\nu}, \mathring{s}_{\mu\nu})$ entstehen aus den in (2.5.6.2.6) ebenso bezeichneten Funktionen, indem dort der als Parameter auftretenden Größe α der Wert arcsin 1/3 beigelegt wird.

$(m + n = 1)$ das homogene lineare Gleichungssystem

$$\mathring{r}_{01} + \frac{2\,c_{20}}{b_{21}}\mathring{s}_{01} = 0\,,$$
$$\frac{2\,a_{21}}{b_{21}}\mathring{r}_{01} - \mathring{s}_{01} = 0\,,$$
$$\mathring{r}_{10} + \frac{2\,c_{20}}{b_{21}}\mathring{s}_{10} = -\,\mathring{r}_{01}\,,$$
$$2\frac{a_{21}}{b_{21}}\mathring{r}_{10} - \mathring{s}_{10} = -\,\mathring{s}_{01}\,,$$

dessen allgemeine Lösung mit zwei willkürlichen Parametern γ, δ die Gestalt

$$\mathring{r}_{10} = \gamma - \frac{2\,c_{20}}{b_{21}}\delta\,, \quad \mathring{r}_{01} = -\,\gamma\,, \quad \mathring{s}_{10} = \delta\,, \quad \mathring{s}_{01} = \frac{b_{21}}{2\,c_{20}}\gamma$$
$$\left(\begin{vmatrix}\mathring{r}_{10} & \mathring{r}_{01}\\ \mathring{s}_{10} & \mathring{s}_{01}\end{vmatrix} = \frac{b_{21}}{2\,c_{20}}\gamma^2\right)$$

hat; im folgenden werden die mit $\gamma = 1$, $\delta = 0$ gebildeten Werte

$$\mathring{r}_{10} = 1\,, \quad \mathring{r}_{01} = -\,1\,, \quad \mathring{s}_{10} = 0\,, \quad \mathring{s}_{01} = \frac{b_{21}}{2\,c_{20}} \tag{2.5.6.3.4}$$

benutzt. Im Fall $m + n \geqq 2$ ist das System (2.5.6.3.3) eindeutig nach $\mathring{r}_{mn}$, $\mathring{s}_{mn}$ auflösbar mit den Lösungen

$$\left.\begin{aligned}
\mathring{r}_{mn} &= \frac{(m+n)\left[(n+1)\,\mathring{r}_{m-1,\,n+1} + R_{mn}(\mathring{r}_{\mu\nu}, \mathring{s}_{\mu\nu})\right] + 2\dfrac{c_{20}}{b_{21}}\left[(n+1)\,\mathring{s}_{m-1,\,n+1} + S_{mn}(\mathring{r}_{\mu\nu}, \mathring{s}_{\mu\nu})\right]}{(m+n-1)^2}\\
\mathring{s}_{mn} &= \frac{2\dfrac{a_{21}}{b_{21}}\left[(n+1)\,\mathring{r}_{m-1,\,n+1} + R_{mn}(\mathring{r}_{\mu\nu}, \mathring{s}_{\mu\nu})\right] + (m+n-2)\left[(n+1)\,\mathring{s}_{m-1,\,n+1} + S_{mn}(\mathring{r}_{\mu\nu}, \mathring{s}_{\mu\nu})\right]}{(m+n-1)^2}\,.\\
&(\mathring{r}_{-1,\,n+1} = \mathring{s}_{-1,\,n+1} = 0\,).
\end{aligned}\right\} \tag{2.5.6.3.5}$$

Die Gleichungen (2.5.6.3.5) ermöglichen es, ausgehend von den Werten (2.5.6.3.4) die $\mathring{r}_{mn}$, $\mathring{s}_{mn}$ in der Reihenfolge $m = i$, $n = j - i$; $i = 0, \ldots, j$; $j = 2, 3, \ldots$ rekursiv zu ermitteln.

Für die Konstruktion eines Konvergenzbereiches der Reihen (2.5.6.2.5), deren Koeffizienten $\mathring{r}_{mn}$, $\mathring{s}_{mn}$ gemäß (2.5.6.3.4) und (2.5.6.3.5) ermittelt sind, wird das partielle Differentialgleichungssystem (2.5.6.3.2) durch die Transformation

$$\mathring{r} = \frac{b_{21}}{2\,a_{21}}(\mathring{q} + \mathring{s}) \tag{2.5.6.3.6}$$

auf die Form

$$\left.\begin{aligned}
&U\frac{\partial\mathring{q}}{\partial U} + (V - U)\frac{\partial\mathring{q}}{\partial V} - \mathring{q}\\
&\quad = \sum_{n=2}^{8}\left(\frac{b_{21}}{2}\right)^{n-1}\frac{b_{2n}}{a_{21}^n}(\mathring{q} + \mathring{s})^n + \left(\sum_{n=1}^{3}\left(\frac{b_{21}}{2}\right)^{n-1}\frac{c_{2n}}{a_{21}^n}(\mathring{q} + \mathring{s})^n\right)\mathring{s}\,,\\
&U\frac{\partial\mathring{s}}{\partial U} + (V - U)\frac{\partial\mathring{s}}{\partial V} - (\mathring{q} + \mathring{s}) = \sum_{n=2}^{12}\left(\frac{b_{21}}{2}\right)^{n-1}\frac{a_{2n}}{a_{21}^n}(\mathring{q} + \mathring{s})^n
\end{aligned}\right\} \tag{2.5.6.3.7}$$

gebracht. Es seien $\overset{1}{Q}(\mathring{q}, \mathring{s})$, $\overset{1}{S}(\mathring{q}, \mathring{s})$ die rechten Seiten des Systems (2.5.6.3.7), und es sei η eine Zahl im Intervall $\frac{3}{4} < \eta < 1$. Bei dem Differentialgleichungssystem

$$\mathring{\tau}\frac{d\overset{1}{q}}{d\mathring{\tau}} - \overset{1}{q} = \overset{1}{Q}(\overset{1}{q}, \overset{1}{s})\,, \qquad \mathring{\tau}\frac{d\overset{1}{s}}{d\mathring{\tau}} - (\overset{1}{q} + \eta\,\overset{1}{s}) = \overset{1}{S}(\overset{1}{q}, \overset{1}{s})$$

genügen $\overset{1}{q}$, $\overset{1}{s}$, als Funktionen von $\overset{1}{U} = \mathring{\tau}$ und $\overset{1}{V} = \dfrac{\mathring{\tau}^{\eta} - \mathring{\tau}}{1 - \eta}$ aufgefaßt, dem Differentialgleichungssystem

$$\left.\begin{aligned} &\overset{1}{U}\frac{\partial\overset{1}{q}}{\partial\overset{1}{U}} + \left(\eta\,\overset{1}{V} - \overset{1}{U}\right)\frac{\partial\overset{1}{q}}{\partial\overset{1}{V}} - \overset{1}{q} = \overset{1}{Q}(\overset{1}{q}, \overset{1}{s})\,,\\ &\overset{1}{U}\frac{\partial\overset{1}{s}}{\partial\overset{1}{U}} + \left(\eta\,\overset{1}{V} - \overset{1}{U}\right)\frac{\partial\overset{1}{s}}{\partial\overset{1}{V}} - (\overset{1}{q} + \eta\,\overset{1}{s}) = \overset{1}{S}(\overset{1}{q}, \overset{1}{s})\,. \end{aligned}\right\} \tag{2.5.6.3.8}$$

Macht man für (2.5.6.3.8) den Lösungsansatz $\overset{1}{q} = \sum\limits_{\substack{m,n=0\\(m+n\geqq 1)}}^{\infty} \overset{1}{q}_{mn}\,\overset{1}{U}{}^m\,\overset{1}{V}{}^n$, $\overset{1}{s} = \sum\limits_{\substack{m,n=0\\(m+n\geqq 1)}}^{\infty} \overset{1}{s}_{mn}\,\overset{1}{U}{}^m\,\overset{1}{V}{}^n$, so liefert der Vergleich der bei den Potenzprodukten $\overset{1}{U}{}^m\,\overset{1}{V}{}^n$ $(m, n = 0, 1, 2, \ldots;\ m + n \geqq 1)$ stehenden Koeffizienten die Gleichungssysteme

$$\left.\begin{aligned} &(m + \eta\,n - 1)\,\overset{1}{q}_{mn} - (n + 1)\,\overset{1}{q}_{m-1,n+1} = \overset{1}{Q}_{mn}(\overset{1}{q}_{\mu\nu}, \overset{1}{s}_{\mu\nu})\,,\\ &\left(m + \eta\,(n - 1)\right)\overset{1}{s}_{mn} - (n + 1)\,\overset{1}{s}_{m-1,n+1} - \overset{1}{q}_{mn} = \overset{1}{S}_{mn}(\overset{1}{q}_{\mu\nu}, \overset{1}{s}_{\mu\nu})\\ &\left(\overset{1}{q}_{-1,n+1} = \overset{1}{s}_{-1,n+1} = 0\right), \end{aligned}\right\} \tag{2.5.6.3.9}$$

deren rechte Seiten $\overset{1}{Q}_{mn}(\overset{1}{q}_{\mu\nu}, \overset{1}{s}_{\mu\nu})$, $\overset{1}{S}_{mn}(\overset{1}{q}_{\mu\nu}, \overset{1}{s}_{\mu\nu})$ dann, wenn $m + n = 1$ ist, gleich Null, und dann, wenn $m + n \geqq 2$ ist, Linearkombinationen von Produkten $\overset{1}{q}_{\mu_1\nu_1} \cdots \overset{1}{q}_{\mu_i\nu_i}\,\overset{1}{s}_{\mu_{i+1}\nu_{i+1}} \cdots \overset{1}{s}_{\mu_j\nu_j}$ mit $\mu_1 + \cdots + \mu_j = m$, $\nu_1 + \cdots + \nu_j = n$ $(j \geqq 2)$ sind. Die Gleichungen (2.5.6.3.9) ermöglichen es, von den Werten

$$\overset{1}{q}_{10} = -\,\overset{1}{s}_{01} = \frac{2\,a_{21}}{b_{21}}\,, \qquad \overset{1}{q}_{01} = \overset{1}{s}_{10} = 0 \tag{2.5.6.3.10}$$

ausgehend die $\overset{1}{q}_{mn}$, $\overset{1}{s}_{mn}$ in der Reihenfolge

$$\left.\begin{aligned} &\overset{1}{q}_{02}, \overset{1}{s}_{02}, \overset{1}{q}_{11}\,,\\ &\overset{1}{s}_{11}, \overset{1}{q}_{20}, \overset{1}{s}_{20}; \ldots; \overset{1}{q}_{0j}, \overset{1}{s}_{0j}, \ldots, \overset{1}{q}_{i,j-i}, \overset{1}{s}_{i,j-i}, \ldots, \overset{1}{q}_{j0}, \overset{1}{s}_{j0}; \ldots \end{aligned}\right\} \tag{2.5.6.3.11}$$

zu berechnen. *Wenn $\eta = 1$ ist, gleicht ein so berechnetes $\overset{1}{s}_{mn}$ dem nach den Gleichungen (2.5.6.3.4), (2.5.6.3.5) berechneten $\mathring{s}_{mn}$, und ein so berechnetes $\overset{1}{q}_{mn}$ hat dann einen Wert $\mathring{q}_{mn}$, für welchen die der Gleichung (2.5.6.3.6) entsprechende Gleichung*

$$\mathring{r}_{mn} = \frac{b_{21}}{2\,a_{21}}\,(\mathring{q}_{mn} + \mathring{s}_{mn}) \tag{2.5.6.3.12}$$

mit Werten $\mathring{r}_{mn}$, $\mathring{s}_{mn}$ *besteht, welche auf Grund der Gleichungen (2.5.6.3.4), (2.5.6.3.5) berechnet sind.* Jeder der gemäß (2.5.6.3.10), (2.5.6.3.9) berechneten Größen $\overset{1}{q}_{mn}$, $\overset{1}{s}_{mn}$ $(m + n \geqq 2)$ kann als eine Summe von Brüchen $Q_{mn\lambda}(\eta)$ bzw. $S_{mn\lambda}(\eta)$ $(\lambda = 1, 2, \ldots)$ geschrieben werden, deren Zähler nicht von η abhängen und deren Nenner Produkte aus positiven Faktoren $\mu + \eta\,\nu - 1$, $\mu + \eta\,(\nu - 1)$ $(\mu + \nu \geqq 2)$ sind. Der Beweis dieses Sachverhaltes ergibt sich für die in der Reihenfolge (2.5.6.3.11) angeordnet zu denkenden $\overset{1}{q}_{mn}$, $\overset{1}{s}_{mn}$ an Hand der Gleichungen (2.5.6.3.9) von (2.5.6.3.10) ausgehend durch vollständige Induktion. Des weiteren beweist man an Hand von (2.5.6.3.9) unter Zugrundelegung der Reihenfolge (2.5.6.3.11) von (2.5.6.3.10) ausgehend durch vollständige Induktion, daß bei den Brüchen $Q_{mn\lambda}(\eta)$, $S_{mn\lambda}(\eta)$ die Anzahlen der genannten Nennerfaktoren höchstens $3\,(m - 1) + 2\,n$ bzw. höchstens $3\,m + 2\,(n - 1)$ betragen. Da jeder der Brüche $\frac{\mu + \eta\,\nu - 1}{\mu + \nu - 1}$, $\frac{\mu + \eta\,(\nu - 1)}{\mu + \nu - 1}$ $(\mu + \nu \geqq 2)$ den Wert $2 - \eta$ nicht übersteigt, hat man die Ungleichungen

$$\left|\frac{Q_{mn\lambda}(1)}{Q_{mn\lambda}(\eta)}\right| \leqq (2 - \eta)^{3(m-1)+2n}, \quad \left|\frac{S_{mn\lambda}(1)}{S_{mn\lambda}(\eta)}\right| \leqq (2 - \eta)^{3m+2(n-1)} \quad \left(1 < 2 - \eta - \frac{5}{4}\right),$$

aus denen dann die Ungleichungen

$$\left.\begin{aligned} |\mathring{q}_{mn}| &= \left|\sum_\lambda Q_{mn\lambda}(1)\right| \leqq (2 - \eta)^{3m+2n-2} \sum_\lambda |Q_{mn\lambda}(\eta)|\,, \\ |\mathring{s}_{mn}| &= \left|\sum_\lambda S_{mn\lambda}(1)\right| \leqq (2 - \eta)^{3m+2n-2} \sum_\lambda |S_{mn\lambda}(\eta)| \end{aligned}\right\} \quad (2.5.6.3.13)$$

folgen.

Es seien $\overset{2}{Q}(q, s)$, $\overset{2}{S}(q, s)$ die Polynome von q, s, welche aus $\overset{1}{Q}(q, s)$ bzw. $\overset{1}{S}(q, s)$ dadurch entstehen, daß in diesen Ausdrücken, als Polynome von q, s geschrieben, die Koeffizienten aller Produkte $q^m\,s^n$ $(m, n = 0, 1, \ldots, 12;\; m + n \geqq 2)$ durch ihre absoluten Beträge ersetzt werden. Wenn man bei dem Differentialgleichungssystem

$$\mathring{\tau}\,\frac{d\overset{2}{q}}{d\mathring{\tau}} - \overset{2}{q} = \overset{2}{Q}(\overset{2}{q}, \overset{2}{s})\,, \qquad \mathring{\tau}\,\frac{d\overset{2}{s}}{d\mathring{\tau}} - (\overset{2}{q} + \eta\,\overset{2}{s}) = \overset{2}{S}(\overset{2}{q}, \overset{2}{s}) \qquad (2.5.6.3.14)$$

den Lösungsansatz

$$\left.\begin{gathered} \overset{2}{q} = \sum_{\substack{m,n=0\\(m+n\geqq 1)}}^{\infty} \overset{2}{q}_{mn}\,\overset{1}{U}{}^m\,\overset{1}{V}{}^n\,, \qquad \overset{2}{s} = \sum_{\substack{m,n=0\\(m+n\geqq 1)}}^{\infty} \overset{2}{s}_{mn}\,\overset{1}{U}{}^m\,\overset{1}{V}{}^n \\ \left(\overset{1}{U} = \mathring{\tau}, \qquad \overset{1}{V} = \frac{\mathring{\tau}^\eta - \mathring{\tau}}{1 - \eta}\right) \end{gathered}\right\} \quad (2.5.6.3.15)$$

macht, so ergeben sich für die $\overset{2}{q}_{mn}$, $\overset{2}{s}_{mn}$ Gleichungssysteme der Gestalt (2.5.6.3.9), nur daß dort die oberen Indizes 1 durch obere Indizes 2 zu ersetzen sind. Insbesondere ergibt sich für $\overset{2}{q}_{10}$, $\overset{2}{q}_{01}$, $\overset{2}{s}_{10}$, $\overset{2}{s}_{01}$ das Gleichungssystem

$$\begin{aligned} (\eta - 1)\,\overset{2}{q}_{01} &= 0\,, \\ 0 \cdot \overset{2}{q}_{10} - \overset{2}{q}_{01} &= 0\,, \\ 0 \cdot \overset{2}{s}_{01} - \overset{2}{q}_{01} &= 0\,, \\ (1 - \eta)\,\overset{2}{s}_{10} - \overset{2}{s}_{01} - \overset{2}{q}_{10} &= 0 \end{aligned}$$

mit der Lösung

$$\overset{2}{q}_{10} = \overset{2}{s}_{01} = \frac{2\,a_{21}}{b_{21}}, \quad \overset{2}{q}_{01} = 0, \quad \overset{2}{s}_{10} = \frac{4\,a_{21}}{(1-\eta)\,b_{21}}. \tag{2.5.6.3.16}$$

Offenbar sind die ausgehend von den Werten (2.5.6.3.16) berechneten $\overset{2}{q}_{mn}$, $\overset{2}{s}_{mn}$ nicht kleiner als die in (2.5.6.3.13) stehenden Summen $\sum_\lambda |Q_{mn\lambda}(\eta)|$ bzw. $\sum_\lambda |S_{mn\lambda}(\eta)|$. Daher folgen aus (2.5.6.3.13) die Abschätzungen

$$\left.\begin{aligned} |\overset{\circ}{q}_{mn}| &\leqq (2-\eta)^{3m+2n-2}\,\overset{2}{q}_{mn}\,, \\ |\overset{\circ}{s}_{mn}| &\leqq (2-\eta)^{3m+2n-2}\,\overset{2}{s}_{mn}\,. \end{aligned}\right\} \tag{2.5.6.3.17}$$

Wird

$$\overset{2}{z} = \overset{2}{q} - (1-\eta)\,\overset{2}{s} \tag{2.5.6.3.18}$$

sowie

$$\overset{2}{F}(\overset{2}{q}, \overset{2}{s}) = \overset{2}{Q}\left(\overset{2}{q}, \frac{\overset{2}{q} - z^2}{1-\eta}\right),$$

$$\overset{2}{G}(\overset{2}{q}, \overset{2}{z}) = \overset{2}{Q}\left(\overset{2}{q}, \frac{\overset{2}{q} - \overset{2}{z}}{1-\eta}\right) - (1-\eta)\,\overset{2}{S}\left(\overset{2}{q}, \frac{\overset{2}{q} - \overset{2}{z}}{1-\eta}\right)$$

gesetzt, so ist das System (2.5.6.3.14) dem Differentialgleichungssystem

$$\overset{\circ}{\tau}\frac{d\overset{2}{q}}{d\overset{\circ}{\tau}} - \overset{2}{q} = \overset{2}{F}(\overset{2}{q}, \overset{2}{z}), \quad \overset{\circ}{\tau}\frac{d\overset{2}{z}}{d\overset{\circ}{\tau}} - \eta\,\overset{2}{z} = \overset{2}{G}(\overset{2}{q}, \overset{2}{z}) \tag{2.5.6.3.19}$$

gleichwertig. Die der Entwicklung (2.5.6.3.15) entsprechende Entwicklung $\overset{2}{z} = \sum_{\substack{m,n=0\\(m+n\geqq 1)}}^{\infty} \overset{2}{z}_{mn}\,\overset{1}{U}{}^m\,\overset{1}{V}{}^n$ beginnt gemäß (2.5.6.3.16) mit den Koeffizienten

$$\overset{2}{z}_{10} = -\frac{2\,a_{21}}{b_{21}}, \quad \overset{2}{z}_{01} = -(1-\eta)\frac{2\,a_{21}}{b_{21}}, \tag{2.5.6.3.20}$$

und (2.5.6.3.18) zufolge bestehen die Abschätzungen

$$\left.\begin{aligned} &\overset{2}{q}_{mn} + \overset{2}{s}_{mn} = \frac{(2-\eta)\,\overset{2}{q}_{mn} - \overset{2}{z}_{mn}}{1-\eta} \leqq \frac{2-\eta}{1-\eta}\left(\overset{2}{q}_{mn} + |\overset{2}{z}_{mn}|\right) \\ &(m, n = 0, 1, 2, \ldots;\ m+n \geqq 1)\,. \end{aligned}\right\} \tag{2.5.6.3.21}$$

Es seien $\overset{3}{F}(q, z)$, $\overset{3}{G}(q, z)$ die Polynome, welche aus $\overset{2}{F}(q, z)$ bzw. $\overset{2}{G}(q, z)$ dadurch entstehen, daß in diesen Ausdrücken, als Polynome von q, z geschrieben, die Koeffizienten aller Produkte $q^m z^n$ $(m, n = 0, 1, \ldots, 12;\ m+n \geqq 2)$ durch ihre absoluten Beträge ersetzt werden. Bei dem Differentialgleichungssystem (2.5.6.3.19) bzw. dem Differentialgleichungssystem

$$\overset{\circ}{\tau}\frac{d\overset{3}{q}}{d\overset{\circ}{\tau}} - \overset{3}{q} = \overset{3}{F}(\overset{3}{q}, \overset{3}{z}), \quad \overset{\circ}{\tau}\frac{d\overset{3}{z}}{d\overset{\circ}{\tau}} - \eta\,\overset{3}{z} = \overset{3}{G}(\overset{3}{q}, \overset{3}{z})$$

kann man die Lösungsansätze

$$\overset{i}{q} = \sum_{\substack{k,l=0\\(k+l\geqq 1)}}^{\infty} \overset{i}{\varepsilon}_{kl}\,\overset{\circ}{\tau}{}^k(\overset{\circ}{\tau}{}^\eta)^l, \quad \overset{i}{z} = \sum_{\substack{k,l=0\\(k+l\geqq 1)}}^{\infty} \overset{i}{\zeta}_{kl}\,\overset{\circ}{\tau}{}^k(\overset{\circ}{\tau}{}^\eta)^l \quad (i = 2, 3) \tag{2.5.6.3.22}$$

machen [7], § 58). Den in (2.5.6.3.16), (2.5.6.3.20) stehenden Koeffizienten $\overset{2}{q}_{10}, \overset{2}{q}_{01}, \overset{2}{z}_{10}, \overset{2}{z}_{01}$ entsprechen dann die Koeffizienten

$$\overset{2}{\varepsilon}_{10} = \frac{2\,a_{21}}{b_{21}}, \quad \overset{2}{\varepsilon}_{01} = \overset{2}{\zeta}_{10} = 0\,, \quad \overset{2}{\zeta}_{01} = -\frac{2\,a_{21}}{b_{21}}\,;$$

die Koeffizienten $\overset{3}{\varepsilon}_{01}$ und $\overset{3}{\zeta}_{10}$ müssen den Wert Null haben, und den Koeffizienten $\overset{3}{\varepsilon}_{10}$ und $\overset{3}{\zeta}_{01}$ kann der positive Wert $2\frac{a_{21}}{b_{21}}$ beigelegt werden. Die Koeffizienten $\overset{3}{\varepsilon}_{kl}, \overset{3}{\zeta}_{kl}$ $(k, l = 0, 1, 2, \ldots; k + l \geqq 1)$ haben nichtnegative Werte, und es ist jede der beiden mit $i = 3$ gebildeten Reihenentwicklungen (2.5.6.3.22) nach Potenzprodukten $\mathring{\tau}^k(\mathring{\tau}^\eta)^l$ Majorante der entsprechenden mit $i = 2$ gebildeten Potenzreihe (2.5.6.3.22). Da des weiteren dann, wenn die mit $i = 3$ gebildeten Reihen (2.5.6.3.22) absolut konvergieren, die Beziehungen

$$\sum_{\substack{k,\,l=0\\(k+l\geqq 1)}}^{\infty} \overset{i}{\varepsilon}_{kl}\,\mathring{\tau}^k(\mathring{\tau}^\eta)^l = \sum_{\substack{m,\,n=0\\(m+n\geqq 1)}}^{\infty} \left(\sum_{k=0}^{m}\binom{m+n-k}{n}\overset{i}{\varepsilon}_{k,\,m+n-k}\right)(1-\eta)^n\,\overset{1}{U}{}^m\,\overset{1}{V}{}^n \quad (i = 2, 3)$$

sowie die gleichen Beziehungen mit $\overset{i}{\zeta}_{kl}$ anstatt $\overset{i}{\varepsilon}_{kl}$ bestehen, erhält man den Sachverhalt, daß die Größe $(1-\eta)^n \sum_{k=0}^{m}\binom{m+n-k}{n}\overset{3}{\varepsilon}_{k,\,m+n-k}$ nicht kleiner als $\overset{2}{q}_{mn}$ und die Größe $(1-\eta)^n \sum_{k=0}^{m}\binom{m+n-k}{n}\overset{3}{\zeta}_{k,\,m+n-k}$ nicht kleiner als $|\overset{2}{z}_{mn}|$ sind. Unter Berücksichtigung von (2.5.6.3.17) und (2.5.6.3.21) ergibt sich hieraus schließlich die Abschätzung

$$\left.\begin{aligned} &|\mathring{q}_{mn}| + |\mathring{s}_{mn}| \leqq (1-\eta)^{n-1}\,(2-\eta)^{3m+2n-1}\sum_{k=0}^{m}\binom{m+n-k}{n}\\ &\times\left(\overset{3}{\varepsilon}_{k,\,m+n-k} + \overset{3}{\zeta}_{k,\,m+n-k}\right)\\ &\qquad (m, n = 0, 1, 2, \ldots; m + n \geqq 1)\,. \end{aligned}\right\} \quad (2.5.6.3.23)$$

Unter $\overset{3}{T}(H)$ werde das Polynom von H verstanden, das entsteht, wenn in dem Polynom $\overset{3}{F}(q, z) + \overset{3}{G}(q, z)$ jedes Produkt $q^m z^n$ $(m, n = 0, 1, \ldots, 12; m + n \geqq 2)$ durch $\dfrac{H^{m+n}}{\binom{m+n}{m}}$ ersetzt wird. Offensichtlich ist $\overset{3}{T}(H)$ ein Polynom zwölften Grades von H ohne absolutes und lineares Glied; der Koeffizient von H^2 ist positivwertig, der Koeffizient von H^{12} hat den Wert

$$\frac{a_{2,12}}{a_{21}^{12}}\left(\frac{b_{21}}{2}\right)^{11}\frac{(2-\eta)^{13}-1}{(1-\eta)^{12}} = \frac{16}{3\cdot 81^{10}}\sqrt{2}\,\sqrt[3]{6}\,\frac{(2-\eta)^{13}-1}{(1-\eta)^{12}}\,.$$

Wird die Tatsache beachtet, daß die Ungleichungen

$$\left.\begin{matrix} k-1+l\,\eta\\ k+(l-1)\,\eta \end{matrix}\right\} \geqq (k+l-1)\,(2\,\eta-1) \qquad \left(k+l \geqq 2; \frac{1}{2} < 2\,\eta - 1 < 1\right)$$

gelten, wobei das Gleichheitszeichen nur bei der ersten Ungleichung im Fall $k = 0, l = 2$ eintritt, so ergibt sich aus dem in [2], S. 56 Gesagten folgendes:

a) Es seien $\overset{\circ}{d}_2, \overset{\circ}{d}_3, \ldots$ die aus der Identität

$$(2\eta - 1) \sum_{n=2}^{\infty} (n-1)\, \overset{\circ}{d}_n z^n \equiv \overset{3}{T}\left(2\frac{a_{21}}{b_{21}} z + \sum_{n=2}^{\infty} \overset{\circ}{d}_n z^n\right)$$

durch Vergleich der Koeffizienten bei den Potenzen von z erhaltenen Zahlen. Sämtliche $\overset{\circ}{d}_n$ sind positiv, und es gelten mit $\overset{\circ}{d}_1 = 2\frac{a_{21}}{b_{21}}$ für $k + l \geqq 1$ die Ungleichungen

$$\overset{3}{\varepsilon}_{kl} + \overset{3}{\zeta}_{kl} \leqq \binom{k+l}{k} \overset{\circ}{d}_{k+l}\,, \tag{2.5.6.3.24}$$

wobei das Gleichheitszeichen nur im Fall $k + l = 1$ eintritt.

b) Die für H algebraische Gleichung zwölften Grades

$$\overset{3}{T}(H) - (2\eta - 1) H + 2\frac{a_{21}}{b_{21}} (2\eta - 1) z = 0 \tag{2.5.6.3.25}$$

besitzt genau eine Wurzel der Gestalt

$$H = \overset{\circ}{d}_1 z + \overset{\circ}{d}_2 z^2 + \sum_{n=3}^{\infty} \overset{\circ}{\delta}_n z^n\,. \tag{2.5.6.3.26}$$

Es gelten die Ungleichungen $\overset{\circ}{d}_n < \overset{\circ}{\delta}_n$ $(n \geqq 3)$, d. h. es ist die Reihe (2.5.6.3.26) eine für die Indizes $n \geqq 3$ scharfe Majorante der Reihe

$$\sum_{n=1}^{\infty} \overset{\circ}{d}_n z^n\,. \tag{2.5.6.3.27}$$

Aus (2.5.6.3.23) und (2.5.6.3.24) erhält man die Abschätzungen

$$\left.\begin{aligned} |\overset{\circ}{q}_{mn}| + |\overset{\circ}{s}_{mn}| &< (1-\eta)^{n-1} (2-\eta)^{3m+2n-1} \left[\sum_{k=0}^{m} \binom{m+n-k}{n}\right] \binom{m+n}{k} \overset{\circ}{d}_{m+n} \\ &= 2^m (1-\eta)^{n-1} (2-\eta)^{3m+2n-1} \binom{m+n}{m} \overset{\circ}{d}_{m+n} \\ &\quad (m, n = 0, 1, 2, \ldots;\ m + n \geqq 1)\,, \end{aligned}\right\} \tag{2.5.6.3.28}$$

aus denen die Ungleichungen

$$\sum_{\substack{m,n=0 \\ (m+n \geqq 1)}}^{\infty} (|\overset{\circ}{q}_{mn}| + |\overset{\circ}{s}_{mn}|)\, |U|^m\, |V|^n$$

$$\leqq \frac{1}{(1-\eta)(2-\eta)} \sum_{n=1}^{\infty} \overset{\circ}{d}_n \left[2(2-\eta)^3 |U| + (1-\eta)(2-\eta)^2 |V|\right]^n \tag{2.5.6.3.29}$$

folgen. Aus (2.5.6.3.28) und (2.5.6.3.29) geht in Verbindung mit (2.5.6.3.12) dann schließlich folgendes hervor: Die nach Potenzprodukten $U^m V^n$ $(m, n = 0, 1, 2, \ldots;\ m + n \geqq 1)$ entwickelte Reihe

$$\sum_{n=1}^{\infty} \overset{\circ}{d}_n \left[2(2-\eta)^3 U + (1-\eta)(2-\eta)^2 V\right]^n \tag{2.5.6.3.30}$$

ist nach Multiplikation mit $\frac{1}{(1-\eta)(2-\eta)}$ bzw. $\frac{\frac{b_{21}}{2\,a_{21}}}{(1-\eta)(2-\eta)}$ eine für alle Indexpaare m, n scharfe Majorante des Reihenpaares (2.5.6.2.5); falls die Reihe (2.5.6.3.27) für $|z| \leqq Z$ $(Z > 0)$ konvergiert, so ist die nach Potenzprodukten $U^m\, V^n$ entwickelte Reihe (2.5.6.3.30) für Werte U, V mit

$$2\,(2-\eta)^3\,|U| + (1-\eta)\,(2-\eta)^2\,|V| \leqq Z$$

absolut konvergent, d. h. sie ist in der Ebene eines rechtwinkligen cartesischen (U, V)-Koordinatensystems absolut konvergent für die Punkte im Innern und auf dem Rand der Raute mit den Ecken

$$\left(\frac{Z}{2\,(2-\eta)^3}, 0\right), \left(0, \frac{Z}{(1-\eta)\,(2-\eta)^2}\right), \left(-\frac{Z}{2\,(2-\eta)^3}, 0\right), \left(0, -\frac{Z}{(1-\eta)\,(2-\eta)^2}\right).$$

Die Reihenentwicklung (2.5.6.3.26) ist in der komplexen z-Ebene absolut konvergent im Innern und auf der Peripherie eines jeden Kreises mit dem Punkt $z = 0$ als Mittelpunkt, in dessen Innern und auf dessen Peripherie keine Nullstelle der Diskriminante der linken Seite der algebraischen Gleichung (2.5.6.3.25) liegt. Die ebengenannte Diskriminante ist ein Polynom elften Grades von z mit dem bei z^{11} stehenden Koeffizienten $\frac{2\cdot 64^{13}}{9\cdot 81^{101}}\left[(2\,\eta-1)\,\frac{(2-\eta)^{13}-1}{(1-\eta)^{12}}\right]^{11}$.

Es müssen noch die in (2.5.6.3.1) stehenden Konstanten c_1, c_2 aus den Koordinaten r_0, s_0 des Punktes P_0 bestimmt werden. Ist

$$U = \tilde{\Phi}(\mathring{r}, \mathring{s})\,, \qquad V = \tilde{\Psi}(\mathring{r}, \mathring{s})$$

die Auflösung der nach (2.5.6.3.4) und (2.5.6.3.5) bestimmten Reihen (2.5.6.2.5) nach U und V, so hat man (2.5.6.3.1) zufolge für die Koordinaten r, s der Punkte des transformierten Hodographen die Gleichungen

$$c_1 = \frac{1}{\mathring{\tau}}\,\tilde{\Phi}\,(r - r_2, s - s_2)\,, \qquad c_2 = \frac{1}{\mathring{\tau}}\,[\tilde{\Phi}\,(r - r_2, s - s_2)\ln \mathring{\tau} + \tilde{\Psi}\,(r - r_2, s - s_2)] \times (\mathring{\tau} \geqq 0)\,.$$

Wenn man

$$c_1 = \tilde{\Phi}\,(r_0 - r_2, s_0 - s_2)\,, \qquad c_2 = \tilde{\Psi}\,(r_0 - r_2, s_0 - s_2)$$

setzt, so gehört der Punkt P_0 zum Wert $\mathring{\tau} = 1$. Der zwischen P_2 und P_0 liegende Bogen des transformierten Hodographen hat bei dieser Wahl von c_1 und c_2 alsdann die Parameterdarstellung

$$r = r_2 + \sum_{\substack{m,n=0\\(m+n\geqq 1)}}^{\infty} \mathring{r}_{m\,n}\, c_1^m\, (c_2 - c_1 \ln \mathring{\tau})^n\, \mathring{\tau}^{m+n}\,,$$

$$s = s_2 + \sum_{\substack{m,n=0\\(m+n\geqq 1)}}^{\infty} \mathring{s}_{m\,n}\, c_1^m\, (c_2 - c_1 \ln \mathring{\tau})^n\, \mathring{\tau}^{m+n}\,,$$

wobei $\mathring{\tau}$ das Intervall $0 \leqq \mathring{\tau} \leqq 1$ durchläuft; zu $\mathring{\tau} = 0$ gehört P_2, zu $\mathring{\tau} = 1$ gehört P_0.

Die Funktionen $\widetilde{\Phi}(\mathring{r}, \mathring{s})$, $\widetilde{\Psi}(\mathring{r}, \mathring{s})$ erhält man in Gestalt von Reihenentwicklungen

$$\left.\begin{aligned}\widetilde{\Phi}(\mathring{r}, \mathring{s}) &= \mathring{r} + \frac{2\,c_{20}}{b_{21}}\mathring{s} + \sum_{\substack{m,n=0\\(m+n\geqq 2)}}^{\infty} \widetilde{\Phi}_{mn}\,\mathring{r}^m\,\mathring{s}^n\,,\\ \widetilde{\Psi}(\mathring{r}, \mathring{s}) &= \frac{2\,c_{20}}{b_{21}}\mathring{s} + \sum_{\substack{m,n=0\\(m+n\geqq 2)}}^{\infty} \widetilde{\Psi}_{mn}\,\mathring{r}^m\,\mathring{s}^n\,,\end{aligned}\right\} \qquad (2.5.6.3.31)$$

wobei ein Konvergenzbereich der Reihen (2.5.6.3.31) in der im Anschluß an die Reihen (2.5.6.2.18) angegebenen Weise ermittelt werden kann. Die Potenzreihen (2.5.6.3.31) seien bei Werten $\mathring{r}$, $\mathring{s}$, für welche die Ungleichungen (2.5.6.2.19) bestehen, absolut konvergent. Die am Anfang von 2.5.6. genannte ,,Nachbarschaft" von P_2 bilden im Fall $\alpha = \arcsin 1/3$ dann alle die Punkte $P_0(r_0, s_0)$, bei denen die Differenzen $\mathring{r} = r_0 - r_2$, $\mathring{s} = s_0 - s_2$ den Ungleichungen (2.5.6.2.19) genügen.

3. Einbeziehung von Null verschiedener Werte a

3.1. Vorbemerkung

Der ersten Formel (1.2) zufolge bedeutet ein positiver (negativer) Wert von a für den Skispringer das Vorhandensein eines Gegenwindes (Rückenwindes) beim Flug. Die Geschwindigkeit w dieses Windes beträgt gewöhnlich 2 bis 4 m/sec. Sie ist daher klein gegen die Geschwindigkeit v des Springers beim Flug, welche mit 25 bis 35 m/sec in Rechnung zu stellen ist ([11], S. 252). Gemäß (1.2) kann man $a \ll u$ annehmen. *Aus diesem Grund kann es als zulässig angesehen werden, den Wert einer differenzierbaren Funktion $F(a)$ dem Wert $a\,F'(0)$ gleichzusetzen.* Die Ermittlung von $F(a)$ ist somit auf die Berechnung von $F'(0)$ zurückgeführt.

Basis der Betrachtung ist die transformierte Hodographengleichung (1.6), bei der, was die singulären Punkte $P_i(r_i, s_i)$ $(i = 1, 2)$ dieser Gleichung im Fall $a = 0$ anbelangt, die Gleichungen

$$U(r_1, s_1) = 0\,, \qquad U(r_2, s_2) = 1\,, \qquad G(r_i, s_i) = H(r_i, s_i) = 0 \qquad (i = 1, 2)$$

gelten. *Das bedeutet, daß die Punkte P_i auch im Fall $a \neq 0$ singuläre Punkte von (1.6) sind.*

3.2. Theorie der Störung erster Ordnung

Den Gleichungen (1.4) zufolge sind bei Kenntnis einer partikulären Lösung $u = u(a, \vartheta)$ der Differentialgleichung (1.3) die zu dieser Lösung gehörenden Größen x, y, ω, t als Funktion von a und ϑ allein durch jeweils eine Quadratur ermittelbar. Die Größe ϑ ihrerseits ergibt sich, wenn man die für den Fall $a = 0$ in 2. angewandten Transformationen der Veränderlichen r, s auch im Fall $a \gtrless 0$ $(|a| \ll 1)$ anwendet, als Funktion entweder der Größen r, s mit s als Funktion von r oder r als Funktion von s,

oder der Größen σ, p mit p als Funktion von σ,
oder der Größen σ, q mit q als Funktion von σ.
oder der Größen U_i, ψ_i $(i = 1, 2)$ mit U_i als Funktion von ψ_i
oder der Größen r, s mit r und s als Funktionen des Parameters $\mathring{\tau}$.

Der funktionale Zusammenhang der Variablenpaare, von denen ϑ abhängt, besteht in einer Differentialgleichung erster Ordnung bzw. in einem System von zwei Differentialgleichungen erster Ordnung mit τ als unabhängiger Veränderlicher.

Die Berechnung der Größen x, y, ω, t auf der Grundlage der Gleichungen (1.4) geschieht mithin, zusammenfassend gesprochen, durch Integrale der Gestalt

$$\int F(a, \vartheta, u)\, d\vartheta\,, \tag{3.2.1}$$

wobei ϑ, u mit einem Variablenpaar ξ, η durch eine Transformation

$$\vartheta = \vartheta(\xi, \eta)\,, \qquad u = \mathring{u}(\xi, \eta)$$

verbunden sind und entweder 1. vermöge einer Differentialgleichung

$$\frac{d\eta}{d\xi} = R(a, \xi, \eta) \tag{3.2.2}$$

die Veränderliche η eine Funktion $\eta = \eta(a, \xi)$ ist oder 2. vermöge eines Differentialgleichungssystems

$$\frac{d\xi}{d\tau} = S(a, \xi, \eta)\,, \qquad \frac{d\eta}{d\tau} = T(a, \xi, \eta) \qquad (\tau = \ln \mathring{\tau},\ \mathring{\tau} \geqq 0) \tag{3.2.3}$$

die Veränderlichen ξ, η Funktionen $\xi = \tilde{\xi}(a, \tau)$, $\eta = \tilde{\eta}(a, \tau)$ sind. Das Integral (3.2.1) erhält bei Vorhandensein der partiellen Ableitungen ϑ_ξ, ϑ_η im Fall 1. die Form

$$\begin{aligned} I(a, \xi) = \int_{\xi_0}^{\xi} & F(a, \vartheta(\underline{\xi}, \eta(a, \underline{\xi})), \mathring{u}(\underline{\xi}, \eta(a, \underline{\xi})))\, [\vartheta_\xi(\underline{\xi}, \eta(a, \underline{\xi})) \\ & + R(a, \underline{\xi}, \eta(a, \underline{\xi}))\, \vartheta_\eta(\underline{\xi}, \eta(a, \underline{\xi}))]\, d\underline{\xi} \end{aligned}$$

und im Fall 2. die Form

$$\begin{aligned} \tilde{I}(a, \tau) = \int_{\tau_0}^{\tau} & F(a, \vartheta(\tilde{\xi}(a, \underline{\tau}), \tilde{\eta}(a, \underline{\tau})), \mathring{u}(\tilde{\xi}(a, \underline{\tau}), \tilde{\eta}(a, \underline{\tau})))\, [S(a, \tilde{\xi}(a, \underline{\tau}), \tilde{\eta}(a, \underline{\tau})) \\ & \times \vartheta_\xi(\tilde{\xi}(a, \underline{\tau}), \tilde{\eta}(a, \underline{\tau})) + T(a, \tilde{\xi}(a, \underline{\tau}), \tilde{\eta}(a, \underline{\tau}))\, \vartheta_\eta(\tilde{\xi}(a, \underline{\tau}), \tilde{\eta}(a, \underline{\tau}))]\, d\underline{\tau}^{1)}\,. \end{aligned}$$

Wenn die Funktionen $F(a, \vartheta, u)$, $\vartheta(\xi, \eta)$, $\mathring{u}(\xi, \eta)$, $\eta(a, \xi)$, $\tilde{\xi}(a, \tau)$, $\tilde{\eta}(a, \tau)$, $R(a, \xi, \eta)$, $S(a, \xi, \eta)$, $T(a, \xi, \eta)$ stetig sind und alle in den folgenden Gleichungen (3.2.4) und (3.2.5) vorkommenden partiellen Ableitungen der ebengenannten Funktio-

[1]) Bei den Integralen sind die Integrationsveränderlichen unterstrichen, damit sie von den oberen Integrationsgrenzen ξ bzw. τ unterschieden werden.

nen vorhanden und stetig sind, ergeben sich im Fall 1. die Gleichungen

$$\left.\begin{aligned}
\frac{\partial\vartheta(\xi, \eta(a, \xi))}{\partial a} &= \vartheta_\eta(\xi, \eta(a, \xi))\, \eta_a(a, \xi)\,, \\
\frac{\partial\mathring{u}(\xi, \eta(a, \xi))}{\partial a} &= \mathring{u}_\eta(\xi, \eta(a, \xi))\, \eta_a(a, \xi)\,, \\
I_a(a, \xi) &= \int\limits_{\xi_0}^{\xi} [(\vartheta_{\xi\eta}\, \eta_a + R\, \vartheta_{\eta\eta}\, \eta_a + \vartheta_\eta\, \eta_{a\xi})\, F \\
&\quad + (\vartheta_\xi + R\, \vartheta_\eta)\, (F_a + \vartheta_\eta\, \eta_a\, F_\vartheta + \mathring{u}_\eta\, \eta_a\, F_u)]_{\substack{\vartheta = \vartheta(\xi, \eta), \\ u = \mathring{u}(\xi, \eta) \\ \eta = \eta(a, \xi); \\ \xi = \underline{\xi}}} d\underline{\xi}
\end{aligned}\right\} \tag{3.2.4}$$

und im Fall 2. die Gleichungen

$$\left.\begin{aligned}
\frac{\partial\vartheta(\tilde{\xi}(a, \tau), \tilde{\eta}(a, \tau))}{\partial a} &= \vartheta_\xi(\tilde{\xi}(a, \tau), \tilde{\eta}(a, \tau))\, \tilde{\xi}_a(a, \tau) + \vartheta_\eta(\tilde{\xi}(a, \tau), \tilde{\eta}(a, \tau))\, \tilde{\eta}_a(a, \tau)\,, \\
\frac{\partial\mathring{u}(\tilde{\xi}(a, \tau), \tilde{\eta}(a, \tau))}{\partial a} &= \mathring{u}_\xi(\tilde{\xi}(a, \tau), \tilde{\eta}(a, \tau))\, \tilde{\xi}_a(a, \tau) + \mathring{u}_\eta(\tilde{\xi}(a, \tau), \tilde{\eta}(a, \tau))\, \tilde{\eta}_a(a, \tau)\,, \\
\tilde{I}_a(a, \tau) &= \int\limits_{\tau_0}^{\tau} [(S\, \vartheta_{\xi\xi}\, \tilde{\xi}_a + \vartheta_{\xi\eta}\, (T\, \tilde{\xi}_a + S\, \tilde{\eta}_a) + T\, \vartheta_{\eta\eta}\, \tilde{\eta}_a + \vartheta_\xi\, \tilde{\xi}_{a\tau} + \vartheta_\eta\, \tilde{\eta}_{a\tau})\, F \\
&\quad + (S\, \vartheta_\xi + T\, \vartheta_\eta)\, (F_a + (\vartheta_\xi\, \tilde{\xi}_a + \vartheta_\eta\, \tilde{\eta}_a)\, F_\vartheta \\
&\quad + (\mathring{u}_\xi\, \xi_a + \mathring{u}_\eta\, \tilde{\eta}_a)\, F_u)]_{\substack{\vartheta = \vartheta(\xi, \eta), \\ u = \mathring{u}(\xi, \eta); \\ \xi = \tilde{\xi}(a, \tau), \\ \eta = \tilde{\eta}(a, \tau); \\ \tau = \underline{\tau}}} d\underline{\tau}\,.
\end{aligned}\right\} \tag{3.2.5}$$

Wenn $R(a, \xi, \eta)$ stetig und stetig nach a und η partiell differenzierbar ist, so ist jede Lösung $\eta(a, \xi)$ der Differentialgleichung (3.2.2), die an der Stelle $\xi = \xi_0$ einen von a unabhängigen Wert annimmt, die also bezüglich a der Identität

$$\eta_a(a, \xi_0) \equiv 0 \tag{3.2.6}$$

genügt, stetig und stetig nach a und ξ partiell differenzierbar, wobei für $\eta_a(a, \xi)$ die Differentialgleichung

$$\eta_{a\,\xi}(a, \xi) = R_a(a, \xi, \eta(a, \xi)) + R_\eta(a, \xi, \eta(a, \xi))\, \eta_a(a, \xi) \tag{3.2.7}$$

besteht ([8], Nr. 45). Aus (3.2.6) und (3.2.7) erhält man

$$\eta_a(a, \xi)$$
$$= \exp\left(\int\limits_{\xi_0}^{\xi} R_\eta(a, \underline{\xi}, \eta(a, \underline{\xi}))\, d\underline{\xi}\right) \int\limits_{\xi_0}^{\xi} \frac{R_a(a, \underline{\xi}, \eta(a, \underline{\xi}))}{\exp\left(\int\limits_{\xi_0}^{\underline{\xi}} R_\eta(a, \underline{\underline{\xi}}, \eta(a, \underline{\underline{\xi}}))\, d\underline{\underline{\xi}}\right)}\, d\underline{\xi}\,.$$

Gelten mit zwei Zahlen $M \geqq 0$, $N > 0$ bei festem a für eine Umgebung von $\xi = \xi_0$ die Abschätzungen

$$|R_a(a, \xi, \eta(a, \xi))| \leqq M , \quad |R_\eta(a, \xi, \eta(a, \xi))| \leqq N , \tag{3.2.8}$$

so besteht für diese Umgebung von ξ_0 die Ungleichung

$$|\eta_a(a, \xi)| \leqq \frac{M}{N}(e^{N|\xi-\xi_0|} - 1) \tag{3.2.9}$$

([10], S. 49); aus (3.2.7), (3.2.8) und (3.2.9) folgt

$$|\eta_{a\xi}(a, \xi)| \leqq M\, e^{N|\xi-\xi_0|} .$$

Wenn $S(a, \xi, \eta)$, $T(a, \xi, \eta)$ stetig sind und stetige partielle Ableitungen nach a, ξ und η haben, so ist jedes Lösungssystem $\tilde{\xi}(a, \tau)$, $\tilde{\eta}(a, \tau)$ des Differentialgleichungssystems (3.2.3), das an der Stelle $\tau = \tau_0$ von a unabhängige Werte annimmt, das also bezüglich a den Identitäten

$$\tilde{\xi}_a(a, \tau_0) \equiv 0 , \quad \tilde{\eta}_a(a, \tau_0) \equiv 0 \tag{3.2.10}$$

genügt, stetig und stetig nach a und τ partiell differenzierbar, wobei für $\tilde{\xi}_a(a, \tau)$; $\tilde{\eta}_a(a, \tau)$ das Differentialgleichungssystem

$$\left.\begin{aligned} \tilde{\xi}_{a\tau}(a, \tau) &= S_a(a, \tilde{\xi}(a, \tau), \tilde{\eta}(a, \tau)) + S_\xi(a, \tilde{\xi}(a, \tau), \tilde{\eta}(a, \tau))\, \tilde{\xi}_a(a, \tau) \\ &\quad + S_\eta(a, \tilde{\xi}(a, \tau), \tilde{\eta}(a, \tau))\, \tilde{\eta}_a(a, \tau) , \\ \tilde{\eta}_{a\tau}(a, \tau) &= T_a(a, \tilde{\xi}(a, \tau), \tilde{\eta}(a, \tau)) + T_\xi(a, \tilde{\xi}(a, \tau), \tilde{\eta}(a, \tau))\, \tilde{\xi}_a(a, \tau) \\ &\quad + T_\eta(a, \tilde{\xi}(a, \tau), \tilde{\eta}(a, \tau))\, \tilde{\eta}_a(a, \tau) \end{aligned}\right\} \tag{3.2.11}$$

besteht ([8], Nr. 45). Gelten mit zwei Zahlen $M \geqq 0$, $N > 0$ bei festem a für eine Umgebung von $\tau = \tau_0$ die Abschätzungen

$$\left.\begin{aligned} |S_a(a, \tilde{\xi}(a, \tau), \tilde{\eta}(a, \tau))| + |T_a(a, \tilde{\xi}(a, \tau), \tilde{\eta}(a, \tau))| &\leqq M , \\ |S_\xi(a, \tilde{\xi}(a, \tau), \tilde{\eta}(a, \tau))| + |T_\xi(a, \tilde{\xi}(a, \tau), \tilde{\eta}(a, \tau))| &\leqq N , \\ |S_\eta(a, \tilde{\xi}(a, \tau), \tilde{\eta}(a, \tau))| + |T_\eta(a, \tilde{\xi}(a, \tau), \tilde{\eta}(a, \tau))| &\leqq N , \end{aligned}\right\} \tag{3.2.12}$$

so besteht für diese Umgebung von τ_0 die Ungleichung

$$|\tilde{\xi}_a(a, \tau)| + |\tilde{\eta}_a(a, \tau)| \leqq \frac{M}{N}(e^{N|\tau-\tau_0|} - 1) = \frac{M}{N}\left(\left(\frac{\mathring{\tau}}{\mathring{\tau}_0}\right)^{\operatorname{sgn}(\mathring{\tau}-\mathring{\tau}_0)\cdot N} - 1\right) \tag{3.2.13}$$

$$(\mathring{\tau} = e^\tau, \quad \mathring{\tau}_0 = e^{\tau_0})$$

([10], S. 49); aus (3.2.11), (3.2.12) und (3.2.13) folgt

$$|\tilde{\xi}_{a\tau}(a, \tau)| + |\tilde{\eta}_{a\tau}(a, \tau)| \leqq M\, e^{N|\tau-\tau_0|} = M\left(\frac{\mathring{\tau}}{\mathring{\tau}_0}\right)^{\operatorname{sgn}(\mathring{\tau}-\mathring{\tau}_0)\cdot N} .$$

Die Störungsrechnung für den Wert $a = 0$ verlangt die Spezialisierung der gemachten Betrachtungen für diesen Wert $a = 0$. *Die Formeln (3.2.4) und (3.2.5) gestatten es in Verbindung mit den für η_a, $\eta_{a\xi}$ [$\tilde{\xi}_a$, $\tilde{\eta}_a$, $\tilde{\xi}_{a\tau}$, $\tilde{\eta}_{a\tau}$] erhaltenen Gleichungen und Abschätzungen, bei Bestehen der Identität (3.2.6) [der Identitäten (3.2.10)] sowie Kenntnis der Funktion $\eta(0, \xi)$ [der Funktionen $\tilde{\xi}(0, \tau)$, $\tilde{\eta}(0, \tau)$] die bei konstantem $\xi[\tau]$ für den Wert $a = 0$ zu bildenden ersten partiellen Ablei-*

tungen der Größen ϑ, u, x, y, ω, t nach a zu berechnen oder wenigstens betragsmäßig nach oben hin abzuschätzen.

Im Fall der Berechnung von x, y, ω, t hat $F(a, \vartheta, u)$ gemäß (1.4) bzw. die Form

$$F(a, \vartheta, u) = \begin{cases} \dfrac{1}{k} \dfrac{u^2 \cos\vartheta}{\cos\vartheta - (u+a)^2 \sin\alpha}, \\[2ex] \dfrac{1}{k} \dfrac{u^2 \sin\vartheta}{\cos\vartheta - (u+a)^2 \sin\alpha}, \\[2ex] \dfrac{l\, m \sin\alpha}{\Theta} \sqrt{\dfrac{g}{k}} \dfrac{u\,(u+a)^2}{\cos\vartheta - (u+a)^2 \sin\alpha}, \\[2ex] \dfrac{1}{\sqrt{g\,k}} \dfrac{u}{\cos\vartheta - (u+a)^2 \sin\alpha} \end{cases}$$

mit

$$F_a(0, \vartheta, u) = \begin{cases} \dfrac{2}{k} \sin\alpha \dfrac{u^3 \cos\vartheta}{(\cos\vartheta - u^2 \sin\alpha)^2}, \\[2ex] \dfrac{2}{k} \sin\alpha \dfrac{u^3 \sin\vartheta}{(\cos\vartheta - u^2 \sin\alpha)^2}, \\[2ex] \dfrac{2\, l\, m}{\Theta} \sqrt{\dfrac{g}{k}} \sin\alpha \dfrac{u^2 \cos\vartheta}{(\cos\vartheta - u^2 \sin\alpha)^2}, \\[2ex] \dfrac{2}{\sqrt{g\,k}} \sin\alpha \dfrac{u^2}{(\cos\vartheta - u^2 \sin\alpha)^2}, \end{cases}$$

$$F_\vartheta(0, \vartheta, u) = \begin{cases} \dfrac{1}{k} \sin\alpha \dfrac{u^4 \sin\vartheta}{(\cos\vartheta - u^2 \sin\alpha)^2}, \\[2ex] \dfrac{1}{k} \dfrac{(1 - u^2 \sin\alpha \cos\vartheta)\, u^2}{(\cos\vartheta - u^2 \sin\alpha)^2}, \\[2ex] \dfrac{l\, m}{\Theta} \sqrt{\dfrac{g}{k}} \sin\alpha \dfrac{u^3 \sin\vartheta}{(\cos\vartheta - u^2 \sin\alpha)^2}, \\[2ex] \dfrac{1}{\sqrt{g\,k}} \dfrac{u \sin\vartheta}{(\cos\vartheta - u^2 \sin\alpha)^2}, \end{cases}$$

$$F_u(0, \vartheta, u) = \begin{cases} \dfrac{2}{k} \dfrac{u \cos^2\vartheta}{(\cos\vartheta - u^2 \sin\alpha)^2}, \\[2ex] \dfrac{2}{k} \dfrac{u \sin\vartheta \cos\vartheta}{(\cos\vartheta - u^2 \sin\alpha)^2}, \\[2ex] \dfrac{l\, m}{\Theta} \sqrt{\dfrac{g}{k}} \sin\alpha \dfrac{(3 \cos\vartheta - u^2 \sin\alpha)\, u^2}{(\cos\vartheta - u^2 \sin\alpha)^2}, \\[2ex] \dfrac{1}{\sqrt{g\,k}} \dfrac{\cos\vartheta + u^2 \sin\alpha}{(\cos\vartheta - u^2 \sin\alpha)^2}. \end{cases}$$

3.3. Die Fälle 2.5.1. bis 2.5.6.

Die Anwendung der in 3.2. dargelegten Theorie der Störung erster Ordnung hinsichtlich des Parameters a an der Stelle $a = 0$ erfordert es, für die am Anfang von 2.5. unterschiedenen sechs Fälle der Lage des Punktes P_0 über die Funktionen $\eta(0, \xi)$ und $\tilde{\xi}(0, \tau)$, $\tilde{\eta}(0, \tau)$ hinaus noch die Funktionen

$$\left.\begin{array}{l} \vartheta(\xi, \eta),\ \vartheta_\xi(\xi, \eta),\ \vartheta_\eta(\xi, \eta),\ \vartheta_{\xi\eta}(\xi, \eta),\ \vartheta_{\eta\eta}(\xi, \eta)\,, \\ \mathring{u}(\xi, \eta),\ \mathring{u}_\eta(\xi, \eta),\ R(0, \xi, \eta),\ R_a(0, \xi, \eta),\ R_\eta(0, \xi, \eta) \end{array}\right\} \tag{3.3.1}$$

und die Funktionen

$$\left.\begin{array}{l} \vartheta(\xi, \eta),\ \vartheta_\xi(\xi, \eta),\ \vartheta_\eta(\xi, \eta),\ \vartheta_{\xi\xi}(\xi, \eta),\ \vartheta_{\xi\eta}(\xi, \eta),\ \vartheta_{\eta\eta}(\xi, \eta)\,, \\ \mathring{u}(\xi, \eta),\ \mathring{u}_\xi(\xi, \eta),\ \mathring{u}_\eta(\xi, \eta),\ S(0, \xi, \eta),\ S_a(0, \xi, \eta),\ S_\xi(0, \xi, \eta),\ S_\eta(0, \xi, \eta)\,, \\ T(0, \xi, \eta),\ T_a(0, \xi, \eta),\ T_\xi(0, \xi, \eta),\ T_\eta(0, \xi, \eta) \end{array}\right\} \tag{3.3.2}$$

zu berechnen; in den Fällen 2.5.1. bis 2.5.6.1. kommen die Funktionen (3.3.1), in den Fällen 2.5.6.2. und 2.5.6.3. die Funktionen (3.3.2) in Frage.

1. Im Fall 2.5.1. sind (1.6) zufolge ξ, η bzw. mit r, s zu identifizieren. Die Funktion $\eta(0, \xi)$ ist die sich aus (2.5.1.3) für s ergebende Reihe. Man erhält von (2.3.5) ausgehend die Gleichungen

$$\left.\begin{aligned}
\vartheta(r, s) &= \arctan \frac{r\, s + 3 \cos\alpha\, r^3 - \frac{4}{5} \sin\alpha \cos\alpha\, r^6}{9 + 3 \sin\alpha\, r^3}\,, \\
\vartheta_r(r, s) &= \frac{1}{27\, r^6\, U(r, s)^2} (3 - 2 \sin\alpha\, r^3) \left(s + 9 \cos\alpha\, r^2 + \frac{6}{5} \sin\alpha \cos\alpha\, r^5\right), \\
\vartheta_s(r, s) &= \frac{1}{27\, r^5\, U(r, s)^2} (3 + \sin\alpha\, r^3)\,, \\
\vartheta_{rr}(r, s) &= \frac{1}{27\, r^{13}\, U(r, s)^4} \Bigg[(3 - 2 \sin\alpha\, r^3) \left(s + 9 \cos\alpha\, r^2 + \frac{6}{5} \sin\alpha \cos\alpha\, r^5\right) \\
&\quad \times \left(6 + 2 \sin\alpha\, r^3 + \frac{4}{81} r^2 \left(s + 3 \cos\alpha\, r^2 - \frac{4}{5} \sin\alpha \cos\alpha\, r^5\right)\right. \\
&\quad \times \left.\left(s + \frac{6}{5} \sin\alpha \cos\alpha\, r^5\right)\right) - 6\, r^6\, U(r, s)^2 \\
&\quad \times \left(18 \cos\alpha\, r^2 + (3 - \sin\alpha\, r^3) \left(s - \frac{4}{5} \sin\alpha \cos\alpha\, r^5\right)\right)\Bigg], \\
\vartheta_{rs}(r, s) &= \vartheta_{sr}(r, s) = \frac{1}{2187\, r^{12}\, U(r, s)^4} (3 - 2 \sin\alpha\, r^3) \\
&\quad \times \Bigg[(9 + 3 \sin\alpha\, r^3)^2 - r^2 \left(s + 3 \cos\alpha\, r^2 - \frac{4}{5} \sin\alpha \cos\alpha\, r^5\right) \\
&\quad \times \left(s + 15 \cos\alpha\, r^2 + \frac{16}{5} \sin\alpha \cos\alpha\, r^5\right)\Bigg], \\
\vartheta_{ss}(r, s) &= -\frac{1}{2187\, r^9\, U(r, s)^4} (6 + 2 \sin\alpha\, r^3) \left(s + 3 \cos\alpha\, r^2 - \frac{4}{5} \sin\alpha \cos\alpha\, r^6\right);
\end{aligned}\right\}$$

$$\left.\begin{aligned}
\mathring{u}(r, s) &= \frac{1}{\sqrt{U(r, s)}}\,, \\
\mathring{u}_r(r, s) &= \frac{1}{162\, r^7\, U(r, s)^2 \sqrt{U(r, s)}} \Big[243 + 81 \sin\alpha\, r^3 \\
&\quad + 2\, r^2 \left(s + 3 \cos\alpha\, r^2 - \frac{4}{5} \sin\alpha \cos\alpha\, r^5\right) \left(s + \frac{6}{5} \sin\alpha \cos\alpha\, r^5\right)\Big]\,, \\
\mathring{u}_s(r, s) &= -\frac{1}{162\, r^4\, U(r, s)^2 \sqrt{U(r, s)}} \left(s + 3 \cos\alpha\, r^2 - \frac{4}{5} \sin\alpha \cos\alpha\, r^5\right),
\end{aligned}\right\} \tag{3.3.3}$$

wobei

$$81\, r^6\, U(r, s)^2 = (9 + 3 \sin\alpha\, r^3)^2 + \left(r\, s + 3 \cos\alpha\, r^3 - \frac{4}{5} \sin\alpha \cos\alpha\, r^6\right)^2$$

ist. Gemäß (1.6) ist

$$R(a, r, s) = -\frac{f(r) + a \sqrt{U(r, s)}\, G(r, s)}{s - g(r) + a \sqrt{U(r, s)}\, H(r, s)}$$

mit

$$R_a(0, r, s) = \frac{18\, r^3\, U(r, s)^2 \sqrt{U(r, s)}}{(s - g(r))^2} (3 - 2 \sin\alpha\, r^3)$$
$$\times \left(s - 6 \cos\alpha\, r^2 - \frac{4}{5} \sin\alpha \cos\alpha\, r^5\right),$$
$$R_s(0, r, s) = -\frac{f(r)}{(s - g(r))^2}$$

sowie

$$\vartheta_r(r, s) + R(0, r, s)\, \vartheta_s(r, s) = \frac{9 - 6 \sin\alpha\, r^3}{r^2\, (s - g(r))}\,.$$

2. Im Fall 2.5.2. ist von der mit (1.6) gleichwertigen Differentialgleichung

$$\frac{dr}{ds} = \frac{s - g(r) + a \sqrt{U(r, s)}\, H(r, s)}{f(r) + a \sqrt{U(r, s)}\, G(r, s)}$$

auszugehen. Somit sind ξ, η bzw. mit s, r zu identifizieren. Die Funktion $\eta(0, \xi)$ ist die Reihenentwicklung (2.5.2.6). Bezüglich der Funktionen $\vartheta(r, s)$, $\mathring{u}(r, s)$ gilt (3.3.3); die Funktion $R(a, r, s)$ hat die Gestalt

$$R(a, r, s) = \frac{s - g(r) + a \sqrt{U(r, s)}\, H(r, s)}{f(r) + a \sqrt{U(r, s)}\, G(r, s)}$$

mit

$$R_a(0, r, s) = 18\, r^3\, U(r, s)^2 \sqrt{U(r, s)}\, \frac{2 \sin\alpha\, r^3 - 3}{f(r)^2}$$
$$\times \left(s - 6 \cos\alpha\, r^2 - \frac{4}{5} \sin\alpha \cos\alpha\, r^5\right),$$

$$R_r(0, r, s) = \frac{1}{f(r)^2}\left(f'(r)\, g(r) - f(r)\, g'(r) - s\, f'(r)\right)$$
$$= \frac{1}{r^4 f(r)^2}\Big[-1215 \cos\alpha\, r^2 - \frac{8262}{5} \sin\alpha \cos\alpha\, r^5$$
$$+ 108\,(1 + 2\sin^2\alpha) \cos\alpha\, r^8 + \frac{72}{5}(7 - 31\cos^2\alpha) \sin\alpha \cos\alpha\, r^{11}$$
$$- \frac{1008}{5} \sin^2\alpha \cos^3\alpha\, r^{14} - \frac{448}{5} \sin^3\alpha \cos^3\alpha\, r^{17}$$
$$+ \big(243 + 54\,(1 - 3\cos^2\alpha)\, r^6 + 72 \sin\alpha \cos^2\alpha\, r^9$$
$$+ 72 \sin^2\alpha \cos^2\alpha\, r^{12}\big)\, s\Big]$$

sowie

$$\vartheta_s(r, s) + R(0, r, s)\, \vartheta_r(r, s) = \frac{9 - 6 \sin\alpha\, r^3}{r^2 f(r)}\,.$$

3. Im Fall 2.5.3. ist Grundlage die mittels der in (2.3.5) stehenden Transformation

$$\sigma = \frac{9}{r^3}\,, \qquad p = \frac{s}{r^2} - 3\cos\alpha - \frac{4}{5}\sin\alpha\cos\alpha\, r^3 \tag{3.3.4}$$

aus (1.6) entstehende Differentialgleichung

$$\frac{dp}{d\sigma} = \frac{\begin{array}{r} 18\,(1 - 3\cos^2\alpha) + 3\sin\alpha\,\sigma - \sigma^2 + 6\cos\alpha\, p + 2\,p^2 \\ + 2\,a\sqrt{V_1(\sigma, p)}\,(6\cos\alpha + p)\,(3\cos\alpha - p) \end{array}}{3\,\sigma\, p - 54\sin\alpha\cos\alpha + 2\,a\sqrt{V_1(\sigma, p)}\,(3\sin\alpha + \sigma)\,(3\cos\alpha - p)}\,. \tag{3.3.5}$$

mit

$$V_1(\sigma, p) \equiv \frac{1}{9}\sqrt{(3\sin\alpha + \sigma)^2 + (6\cos\alpha + p)^2} = U(r, s)\,.$$

Somit sind ξ, η bzw. mit σ, p zu identifizieren. Die Funktion $\eta(0, \xi)$ ist die Reihenentwicklung (2.5.3.1). Man erhält von (2.3.5) ausgehend die Gleichungen

$$\vartheta(\sigma, p) = \arctan\frac{6\cos\alpha + p}{3\sin\alpha + \sigma}\,,$$
$$\vartheta_\sigma(\sigma, p) = -\frac{1}{(9\,V_1(\sigma, p))^2}\,(6\cos\alpha + p)\,,$$
$$\vartheta_p(\sigma, p) = \frac{1}{(9\,V_1(\sigma, p))^2}\,(3\sin\alpha + \sigma)\,,$$
$$\vartheta_{\sigma p}(\sigma, p) = \frac{1}{(9\,V_1(\sigma, p))^4}\left((6\cos\alpha + p)^2 - (3\sin\alpha + \sigma)^2\right),$$
$$\vartheta_{pp}(\sigma, p) = -\frac{2}{(9\,V_1(\sigma, p))^4}\,(3\sin\alpha + \sigma)\,(6\cos\alpha + p)\,,$$
$$\mathring{u}(\sigma, p) = \frac{1}{\sqrt{V_1(\sigma, p)}}\,,$$
$$\mathring{u}_p(\sigma, p) = -\frac{1}{2\,(9\,V_1(\sigma, p))^2\sqrt{V_1(\sigma, p)}}\,(6\cos\alpha + p)\,.$$

Gemäß (3.3.5) ist

$$R(a,\sigma,p) = \frac{\begin{array}{r}18\,(1-3\cos^2\alpha)+3\sin\alpha\,\sigma-\sigma^2+6\cos\alpha\,p+2\,p^2\\ +\,2\,a\sqrt{V_1(\sigma,p)}\,(6\cos\alpha+p)\,(3\cos\alpha-p)\end{array}}{3\,\sigma\,p-54\sin\alpha\cos\alpha+2\,a\sqrt{V_1(\sigma,p)}\,(3\sin\alpha+\sigma)\,(3\cos\alpha-p)}$$

mit

$$R_a(0,\sigma,p)=\frac{2}{9}\,(9\,V_1(\sigma,p))^2\sqrt{V_1(\sigma,p)}\,\frac{(\sigma-6\sin\alpha)\,(3\cos\alpha-p)}{(18\sin\alpha\cos\alpha-\sigma\,p)^2}\,,$$

$$R_p(0,\sigma,p)=\frac{2\,\sigma\,p^2-72\sin\alpha\cos\alpha\,p+\sigma^3-3\sin\alpha\,\sigma^2+18\,(3\cos^2\alpha-1)\,\sigma-108\sin\alpha\cos^2\alpha}{3\,(18\sin\alpha\cos\alpha-\sigma\,p)^2}$$

sowie

$$\vartheta_\sigma(\sigma,p)+R(0,\sigma,p)\,\vartheta_p(\sigma,p)=\frac{6\sin\alpha-\sigma}{(9\,V_1(\sigma,p))^2}\,\frac{9\,(1+3\cos^2\alpha)+6\sin\alpha\,\sigma+\sigma^2+12\cos\alpha\,p+p^2}{3\,\sigma\,p-54\sin\alpha\cos\alpha}\,.$$

4. Im Fall 2.5.4. ist Grundlage die aus (3.3.5) durch die Transformation (2.3.7) entstehende Differentialgleichung

$$\frac{dq}{d\sigma}=q\,\frac{2\sqrt{|q|}+6\cos\alpha\,q\sqrt{|q|}+(18\,(1-3\cos^2\alpha)+3\sin\alpha\,\sigma-\sigma^2)}{54\sin\alpha\cos\alpha\,q\sqrt{|q|}-3\,\sigma\sqrt{|q|}}\cdots$$

$$\cdots\frac{\times\sqrt{|q|^5}-2\,a\sqrt{V_2(\sigma,q)}\,(1+6\cos\alpha\,q)\,(1-3\cos\alpha\,q)}{+\,2\,a\sqrt{V_2(\sigma,q)}\,(3\sin\alpha+\sigma)\,(1-3\cos\alpha\,q)} \tag{3.3.6}$$

mit

$$V_2(\sigma,q)\equiv\frac{1}{9}\sqrt{(1+6\cos\alpha\,q)^2+(3\sin\alpha\,q+\sigma\,q)^2}=|q|\,U(r,s)\,.$$

Somit sind ξ, η bzw. mit σ, q zu identifizieren. Die Funktion $\eta(0,\xi)$ ist die Reihenentwicklung (2.5.4.1). Man erhält von (2.3.5) und (2.3.7) ausgehend

$$\vartheta(\sigma,q)=\arctan\frac{1+6\cos\alpha\,q}{3\sin\alpha\,q+\sigma\,q}\,,$$

$$\mathring{u}(\sigma,q)=\frac{\sqrt{|q|}}{\sqrt{V_2(\sigma,q)}}\,.$$

Die rechte Seite der Differentialgleichung (3.3.6) hat bei von Null verschiedenem Parameterwert a in einer gewissen Umgebung des Ursprungs des (σ, q)-Systems eine stetige und beschränkte partielle Ableitung nach q. Aus diesem Grund geht im Fall $a \gtrless 0$ bei (3.3.6) durch den Ursprung des (σ, q)-Systems als Lösungskurve nur die σ-Achse, welche, da sie (2.3.7), (3.3.4) und (1.5) zufolge auf $u = -a$, $\vartheta = (n + 1/2)\,\pi$ $(n = 0, \pm 1, \pm 2, \ldots)$ führt, eine für die Aerodynamik des Skifluges uninteressante Lösung ist. Die im Fall $a = 0$ außer der ebengenannten uninteressanten σ-Achse noch vorhandene zweite durch den Ursprung des (σ, q)-Systems gehende Lösungskurve von (3.3.6) hat im Fall $a \gtrless 0$ kein Gegenstück. Das bedeutet, daß eine Störungsbetrachtung über diese Lösungskurve im Ursprung des (σ, q)-Systems ohne Grundlage ist.

5. Im Fall 2.5.5. sowie im Fall 2.5.6.1. sind Grundlage die mittels der Transformation

$$r = r_i + U_i \cos\psi_i\,, \qquad s = s_i + U_i \sin\psi_i \tag{3.3.7}$$

($i = 1$ im Fall 2.5.5., $i = 2$ im Fall 2.5.6.1.; $U_i > 0$) aus (1.6) sich ergebenden Differentialgleichungen

$$\frac{dU_i}{d\psi_i} = U_i \frac{\sum\limits_{n=0}^{11} A_{in}(\psi_i)\, U_i^n + a(P_i(\psi_i, U_i) \sin\psi_i + Q_i(\psi_i, U_i) \cos\psi_i)}{\sum\limits_{n=0}^{11} B_{in}(\psi_i)\, U_i^n + a(P_i(\psi_i, U_i) \cos\psi_i - Q_i(\psi_i, U_i) \sin\psi_i)}\,, \tag{3.3.8}$$

wobei die $A_{in}(\psi_i)$, $B_{in}(\psi_i)$ die in (2.5.5.6) bzw. (2.5.6.1.2) erklärten Funktionen und die $P_i(\psi_i, U_i)$, $Q_i(\psi_i, U_i)$ durch die Gleichungen

$$\begin{aligned} &P_i(\psi_i, U_i) \\ &= \frac{1}{U_i}(r_i + U_i\cos\psi_i)^3 \sqrt{U\,(r_i + U_i\cos\psi_i,\, s_i + U_i\sin\psi_i)} \\ &\times G\,(r_i + U_i\cos\psi_i,\, s_i + U_i\sin\psi_i)\,, \\ &Q_i(\psi_i, U_i) \\ &= \frac{1}{U_i}(r_i + U_i\cos\psi_i)^3 \sqrt{U\,(r_i + U_i\cos\psi_i,\, s_i + U_i\sin\psi_i)} \\ &\times H\,(r_i + U_i\cos\psi_i,\, s_i + U_i\sin\psi_i) \end{aligned}$$

erklärt sind. Man hat folglich ξ, η bzw. mit ψ_i, U_i zu identifizieren. Die Funktion $\eta(0, \xi)$ ist die Reihenentwicklung (2.5.5.7) bzw. die Reihenentwicklung (2.5.6.1.3). Die Funktionen $\vartheta(\psi_i, U_i)$, $\mathring{u}(\psi_i, U_i)$ werden erhalten, indem bei den in (3.3.3) stehenden Funktionen $\vartheta(r, s)$, $\mathring{u}(r, s)$ für r, s die Werte (3.3.7) eingesetzt werden; außerdem ergeben sich von (3.3.3) und (3.3.7) ausgehend die Gleichungen

$$\begin{aligned} \vartheta_{\psi_i}(\psi_i, U_i) &= \big(\vartheta_s(r, s)\cos\psi_i - \vartheta_r(r, s)\sin\psi_i\big)\, U_i\,, \\ \vartheta_{U_i}(\psi_i, U_i) &= \vartheta_s(r, s)\sin\psi_i + \vartheta_r(r, s)\cos\psi_i\,, \\ \vartheta_{\psi_i U_i}(\psi_i, U_i) &= \vartheta_s(r, s)\cos\psi_i - \vartheta_r(r, s)\sin\psi_i \\ &\quad + [\big(\vartheta_{ss}(r, s) - \vartheta_{rr}(r, s)\big)\sin\psi_i\cos\psi_i \\ &\quad + \vartheta_{rs}(r, s)\,(\cos^2\psi_i - \sin^2\psi_i)]\, U_i\,, \\ \vartheta_{U_i U_i}(\psi_i, U_i) &= \vartheta_{ss}(r, s)\sin^2\psi_i + 2\,\vartheta_{rs}(r, s)\sin\psi_i\cos\psi_i \\ &\quad + \vartheta_{rr}(r, s)\cos^2\psi_i\,, \\ \mathring{u}_{U_i}(\psi_i, U_i) &= \mathring{u}_s(r, s)\sin\psi_i + \mathring{u}_r(r, s)\cos\psi_i \\ &\quad (r = r_i + U_i\cos\psi_i\,,\ s = s_i + U_i\sin\psi_i)\,. \end{aligned}$$

Gemäß (3.3.8) ist

$$R(a, \psi_i, U_i) = U_i \frac{\sum\limits_{n=0}^{11} A_{in}(\psi_i)\, U_i^n + a\,(P_i(\psi_i, U_i)\sin\psi_i + Q_i(\psi_i, U_i)\cos\psi_i)}{\sum\limits_{n=0}^{11} B_{in}(\psi_i)\, U_i^n + a\,(P_i(\psi_i, U_i)\cos\psi_i - Q_i(\psi_i, U_i)\sin\psi_i)}$$

mit

$$R_a(0, \psi_i, U_i) = \frac{U_i}{\left(\sum_{n=0}^{11} B_{in}(\psi_i)\, U_i^n\right)^2} \left[\left(P_i(\psi_i, U_i) \sin\psi_i + Q_i(\psi_i, U_i) \cos\psi_i\right) \sum_{n=0}^{11} B_{in}(\psi_i)\, U_i^n \right.$$

$$\left. + \left(Q_i(\psi_i, U_i) \sin\psi_i - P_i(\psi_i, U_i) \cos\psi_i\right) \sum_{n=0}^{11} A_{in}(\psi_i)\, U_i^n \right],$$

$$R_{U_i}(0, \psi_i, U_i) = \frac{\sum_{n=0}^{11} A_{in}(\psi_i)\, U_i^n}{\sum_{n=1}^{11} B_{in}(\psi_i)\, U_i^n}$$

$$+ \frac{\left(\sum_{n=0}^{11} B_{in}(\psi_i)\, U_i^n\right)\left(\sum_{n=1}^{11} n\, A_{in}(\psi_i)\, U_i^n\right) - \left(\sum_{n=0}^{11} A_{in}(\psi_i)\, U_i^n\right)\left(\sum_{n=1}^{11} n\, B_{in}(\psi_i)\, U_i^n\right)}{\left(\sum_{n=0}^{11} B_{in}(\psi_i)\, U_i^n\right)^2}$$

$$= \frac{\sum_{n=0}^{22} \left(\sum_{\nu=\mathrm{Max}(0, n-11)}^{\mathrm{Min}(11, n)} (1 - n + 2\nu)\, A_{i\nu}(\psi_i)\, B_{i,n-\nu}(\psi_i)\right) U_i^n}{\left(\sum_{n=0}^{11} B_{in}(\psi_i) U_i^n\right)^2}$$

sowie

$$\vartheta_{\psi_i}(\psi_i, U_i) + R(0, \psi_i, U_i)\, \vartheta_{U_i}(\psi_i, U_i)$$

$$= \frac{U_i}{\sum_{n=0}^{11} B_{in}(\psi_i)\, U_i^n} \left[\vartheta_r(r, s) \sum_{n=1}^{12} \left(b_{in} \cos^n\psi_i + c_{i,n-1} \sin\psi_i \cos^{n-1}\psi_i\right) \right.$$

$$\left. + \vartheta_s(r, s) \sum_{n=1}^{12} a_{in} \cos^n \psi_i \right].$$

6. In den Fällen 2.5.6.2. und 2.5.6.3. ist Grundlage das aus (1.6) mit den durch (2.5.6.2.1) erklärten Größen $\mathring{r}, \mathring{s}$ sich ergebende, für $a = 0$ mit $\tau = \ln \mathring{\tau}$ in (2.5.6.2.2) übergehende Differentialgleichungssystem

$$\left.\begin{aligned} \frac{d\mathring{r}}{d\tau} &= \frac{2}{b_{21}} (r_2 + \mathring{r})^3 \\ &\quad \times \left(s_2 + \mathring{s} - g\,(r_2 + \mathring{r}) + a\sqrt{U\,(r_2 + \mathring{r}, s_2 + \mathring{s})}\, H\,(r_2 + \mathring{r}, s_2 + \mathring{s})\right), \\ \frac{d\mathring{s}}{d\tau} &= \frac{2}{b_{21}} (r_2 + \mathring{r})^3 \\ &\quad \times \left(f\,(r_2 + \mathring{r}) + a\sqrt{U\,(r_2 + \mathring{r}, s_2 + \mathring{s})}\, G\,(r_2 + \mathring{r}, s_2 + \mathring{s})\right). \end{aligned}\right\} \tag{3.3.9}$$

Es sind demnach ξ, η bzw. mit $\mathring{r}, \mathring{s}$ zu identifizieren. Die Funktionen $\tilde{\xi}(0, \tau)$, $\tilde{\eta}(0, \tau)$ sind die Reihen (2.5.6.2.5), wobei U, V durch (2.5.6.2.3) bzw. (2.5.6.3.1) gegeben sind. Die Funktionen $\vartheta(\mathring{r}, \mathring{s})$, $\mathring{u}(\mathring{r}, \mathring{s})$ und deren gemäß (3.3.2) in Frage kommende partielle Ableitungen entstehen aus den in (3.3.3) stehenden Funktionen, indem man bei diesen die Argumente r, s bzw. durch die Argumente $r_2 + \mathring{r}$, $s_2 + \mathring{s}$ ersetzt. Gemäß (3.3.9) ist

$$S(a, \mathring{r}, \mathring{s}) = \frac{2}{b_{21}} (r_2 + \mathring{r})^3 \times \left(s_2 + \mathring{s} - g(r_2 + \mathring{r}) + a\sqrt{U(r_2 + \mathring{r}, s_2 + \mathring{s})}\, H(r_2 + \mathring{r}, s_2 + \mathring{s})\right),$$

$$T(a, \mathring{r}, \mathring{s}) = \frac{2}{b_{21}} (r_2 + \mathring{r})^3 \times \left(f(r_2 + \mathring{r}) + a\sqrt{U(r_2 + \mathring{r}, s_2 + \mathring{s})}\, G(r_2 + \mathring{r}, s_2 + \mathring{s})\right)$$

mit

$$S_a(0, \mathring{r}, \mathring{s}) = \frac{2}{b_{21}} (r_2 + \mathring{r})^3 \sqrt{U(r_2 + \mathring{r}, s_2 + \mathring{s})}\, H(r_2 + \mathring{r}, s_2 + \mathring{s}),$$

$$T_a(0, \mathring{r}, \mathring{s}) = \frac{2}{b_{21}} (r_2 + \mathring{r})^3 \sqrt{U(r_2 + \mathring{r}, s_2 + \mathring{s})}\, G(r_2 + \mathring{r}, s_2 + \mathring{s}),$$

$$S_{\mathring{r}}(0, \mathring{r}, \mathring{s}) = \frac{2}{b_{21}} (r_2 + \mathring{r})^2 \left[3\left(s_2 + \mathring{s} - g(r_2 + \mathring{r})\right) - (r_2 + \mathring{r})\, g'(r_2 + \mathring{r})\right],$$

$$T_{\mathring{r}}(0, \mathring{r}, \mathring{s}) = \frac{2}{b_{21}} \left.\frac{d(r^3 f(r))}{dr}\right|_{r = r_2 + \mathring{r}},$$

$$S_{\mathring{s}}(0, \mathring{r}, \mathring{s}) = \frac{2}{b_{21}} (r_2 + \mathring{r})^3,$$

$$T_{\mathring{s}}(0, \mathring{r}, \mathring{s}) = 0$$

sowie

$$S(0, \mathring{r}, \mathring{s})\, \vartheta_r(r_2 + \mathring{r}, s_2 + \mathring{s}) + T(0, \mathring{r}, \mathring{s})\, \vartheta_s(r_2 + \mathring{r}, s_2 + \mathring{s})$$
$$= \frac{2}{27\, b_{21}} \frac{3 - 2 \sin\alpha\, (r_2 + \mathring{r})^3}{(r_2 + \mathring{r})\, U^5(r_2 + \mathring{r}, s_2 + \mathring{s})^2} \left[\left((r_2 + \mathring{r})(s_2 + \mathring{s}) + 3 \cos\alpha\, (r_2 + \mathring{r})^3 - \frac{4}{5} \sin\alpha \cos\alpha\, (r_2 + \mathring{r})^6\right)^2 + \left(9 + 3 \sin\alpha\, (r_2 + \mathring{r})^3\right)^2\right].$$

Bei den in 1., 2., 3. und 5. stehenden Funktionen $R(a, \xi, \eta)$ gibt es bei gegebenem, dem Definitionsbereich der betreffenden Funktion $R(a, \xi, \eta)$ angehörenden Wertesystem $a = 0$, $\xi = \xi_0$, $\eta = \eta_0$ eine Umgebung dieses Wertesystems, so daß für die dieser Umgebung angehörenden Wertesysteme a, ξ, η die Funktion $R(a, \xi, \eta)$, wie in 3.2. gefordert, eine nebst ihren partiellen Ableitungen nach a und η stetige Funktion ist. In bezug auf die in 6. stehenden Funktionen $S(a, \xi, \eta)$, $T(a, \xi, \eta)$ und deren partielle Ableitungen nach a, ξ und η kann man eine analoge Feststellung treffen.

Die in 1., 2., 3., 5. und 6. berechneten Funktionen (3.3.1) bzw. (3.3.2) haben, nachdem man

$$\eta = \eta(0, \xi) \quad \text{bzw.} \quad \xi = \tilde{\xi}(0, \tau), \quad \eta = \tilde{\eta}(0, \tau) \tag{3.3.10}$$

gesetzt hat, eine komplizierte analytische Gestalt. Da die mit den Substitutionen (3.3.10) versehenen Funktionen (3.3.1), (3.3.2) in den Integranden der durch (3.2.4) und (3.2.5) erklärten Integrale $I_a(0, \xi)$, $\tilde{I}_a(0, \tau)$ vorkommen, wird man auf eine analytisch exakte Berechnung dieser Integrale verzichten müssen und sich mit deren Abschätzungen begnügen, die ihrerseits Abschätzungen der mit (3.3.10) gebildeten Funktionen (3.3.1), (3.3.2) erfordern. Letztere Abschätzungen können aber in verschiedener Weise vorgenommen werden und sollen aus diesem Grund hier unterbleiben. Auch dann, wenn man sich bei den störungstheoretischen Formeln mit Abschätzungen begnügt, führt die Störungstheorie zu Formeln, deren Umfang und somit Schwierigkeitsgrad größer als ihr sportpraktischer Wert sein dürften.

Zusammenfassung

Bei dem Sprung, den ein Skispringer auf einer Sprungschanze durchführt, ist der Skiflug die Sprungphase zwischen dem Absprung des Springers vom Schanzentisch und dessen Aufsprung auf die Schanze; der Skiflug ist also die „Luftphase" des Skisprunges. Die vorliegende Abhandlung ist eine mathematische Theorie des Skifluges.

Ausgehend von den für das System Springer — Ski zugrundegelegten aerodynamischen Bewegungsgleichungen wird die Hodographengleichung des Skifluges gewonnen. Diese Hodographengleichung ist eine Differentialgleichung erster Ordnung für den funktionalen Zusammenhang zwischen dem Betrag und dem Richtungswinkel des in der Bewegungsebene des Springers sich verändernden Geschwindigkeitsvektors des Springers. Als Parameter ist in den aerodynamischen Bewegungsgleichungen und folglich auch der Hodographengleichung in Rechnung gestellt die Geschwindigkeit des am Hang jeder Sprungschanze üblicherweise vorhandenen Aufwindes, der als reiner Gegenwind des Springers angenommen ist.

Wenn die auf Grund der Hodographengleichung bestehende funktionale Abhängigkeit des Betrages des Geschwindigkeitsvektors des Skispringers vom Richtungswinkel dieses Vektors ermittelt ist, sind die Koordinaten des Schwerpunktes des Systems Springer-Ski, die Drehgeschwindigkeit des Springers um die durch den Schwerpunkt gehende Querachse und die Sprungzeit durch lediglich jeweils eine Quadratur als Funktionen des genannten Richtungswinkels ermittelbar.

Die als zentraler Teil der Theorie anzusehende Diskussion der Hodographengleichung erfolgt für den Fall des Fehlens eines Hangwindes. Der Fall des Vorhandenseins von Hangwind wird, da dessen Geschwindigkeit als klein gegenüber der Bahngeschwindigkeit des Springers beim Flug anzusehen ist, anschließend an den hangwindfreien Fall durch Störungsrechnung angeschlossen.

Bei der Hodographengleichung im hangwindfreien Fall werden, damit sie mathematisch bequemer behandelt werden kann, der Betrag und der Richtungswinkel des Geschwindigkeitsvektors durch ein Variablenpaar derart ersetzt, daß die auf dieses Variablenpaar transformierte Hodographengleichung die Gestalt einer Abelschen Differentialgleichung zweiter Art hat mit Koeffizienten, welche rationale Funktionen der unabhängigen Veränderlichen sind. Die so transformierte Hodographengleichung läßt alsdann eine einfache graphische Konstruktion des Richtungsfeldes ihrer Lösungskurven zu. Nachdem die Frage der Integrierbarkeit der transformierten Hodographengleichung durch Quadraturen negativ beantwortet worden ist, wird der qualitative Verlauf der transformierten Hodographen — so werden die Lösungskurven der transformierten Hodographengleichung genannt — global ermittelt. Alsdann erfolgen kinematische Betrachtungen. Sie bestehen darin, die einer Bewegung des fliegenden Skispringers entsprechende Durchlaufung eines transformierten Hodographen in Abhängigkeit von der Flugzeit zu untersuchen sowie Formeln für die Beschleunigung des Schwerpunktes des Springers beim Flug und dessen Drehbeschleunigung um die durch den Schwerpunkt des Systems Springer-Ski gehende Querachse zu ermitteln. Bei dieser Gelegenheit werden die Formeln angegeben, die es ermöglichen, die Schwerpunktskoordinaten und die Drehgeschwindigkeit des Springers durch jeweils eine Quadratur nicht als Funktionen des Richtungswinkels des Geschwindigkeitsvektors, sondern als Funktionen der noch verwendeten anderen Veränderlichen zu bestimmen.

Als nächstes erfolgen Betrachtungen zur quantitativen Bestimmung der transformierten Hodographen. Entsprechend deren globalem Verlauf werden dabei hinsichtlich der Lage des Punktes, in dessen Umgebung die Hodographen zu bestimmen sind, mehrere Fälle unterschieden, wobei in jedem Fall die Hodographengleichung auf ein für die Betrachtungen besonders geeignetes Variablenpaar transformiert ist. Die Lösungen der Hodographengleichung werden in der Gestalt von Potenzreihen erhalten, wobei für jede derartige Potenzreihe eine Majorante und für diese ein Konvergenzintervall konstruiert ist.

Den Schluß der Betrachtungen bildet die Berechnung der mathematischen Ausdrücke, deren Kenntnis dafür notwendig ist, bei den für die Hodographengleichung erhaltenen Lösungsformeln die in dieser Gleichung als Parameter auftretende Hangwindgeschwindigkeit in erster Naherung mitzuberücksichtigen.

Im Buch zitierte mathematische Literatur

[1] Bieberbach, L., Lehrbuch der Funktionentheorie I. Leipzig und Berlin 1930.

[2] Bieberbach, L., Theorie der gewöhnlichen Differentialgleichungen auf funktionentheoretischer Grundlage dargestellt. Berlin—Göttingen—Heidelberg—New York 1965.

[3] Dinghas, A., Vorlesungen über Funktionentheorie. Berlin—Göttingen—Heidelberg 1961.

[4] Drach, J., L'équation différentielle de la Balistique Extérieure et son intégration par quadratures. Annales de l'École Normale Supérieure **37**, 1—94 (1920).

[5] Horn, J., Gewöhnliche Differentialgleichungen. Berlin 1948.

[6] Horn, J. — H. Wittich, Gewöhnliche Differentialgleichungen. Berlin 1960.

[7] Kamke, E., Differentialgleichungen reeller Funktionen. Leipzig 1952.

[8] Kamke, E., Differentialgleichungen, Lösungsmethoden und Lösungen I. Leipzig 1967.

[9] Lense, J., Kugelfunktionen. Leipzig 1954.

[10] v. Mangoldt, H. — K. Knopp, Einführung in die höhere Mathematik Band 3. Leipzig 1957.

[11] Netto, E., Lehrbuch der Combinatorik. Leipzig 1901.

[12] Popoff, K., Die Hauptprobleme der äußeren Ballistik im Lichte der modernen Mathematik. Leipzig 1954.

[13] Ryshik, I. M. — I. S. Gradstein, Summen-, Produkt- und Integraltafeln. Berlin 1963.
[14] Stäckel, P., Über Potenzreihen von mehreren Veränderlichen. Jahresbericht d. Deutschen Mathematiker-Vereinigung **16**, 219—223 (1907).
[15] Thomas, J., Konstruktion eines Konvergenzgebietes der inversen Potenzreihen eines Systems von zwei Potenzreihen in zwei Veränderlichen. Monatsber. Dtsche. Akad. d. Wiss. Berlin **10**, 651—657 (1968).

Literatur zum Thema Skiflug

[1] Ehrler, W., Skiliteratur. Veröffentlichungen der Bibliothek der DHfK-Sportbibliographien. Leipzig 1961.
[2] Hochmuth, G., Die Bedeutung der Bewegungsmechanik für die Steigerung der sportlichen Leistung. Theorie und Praxis der Körperkultur **3**, 814—840 (1954).
[3] Hochmuth, G., Über die Absprungtechnik beim Skispringen. (Хохмут, Г., О технике отталкивания в прыжках на лыжах страмплина). Teorija i praktika fisitscheskoj kultury **19**, 69—73 (1956).
[4] Hochmuth, G., Untersuchungen über den Einfluß der Absprungbewegung auf die Sprungweite beim Skispringen. Diss. TH Dresden 1958.
[5] Hochmuth, G., Untersuchungen über die zweckmäßigste Körper- und Skihaltung im Verlaufe des Fluges beim Skispringen. Habil.-Schr. DHfK Leipzig 1965.
[6] Hochmuth, G. — H. Hoffmann, Die leistungsbestimmenden biomechanischen Faktoren beim Skisprung. Theorie und Praxis des Leistungssports 1964, Heft 6, 1—36.
[7] Hochmuth, G. — J. Stark, Aerodynamische Berechnung von Skiflugkurven, ihre Anwendung auf den Sprungschanzenbau und das wissenschaftliche Springertraining. Theorie und Praxis der Körperkultur **2**, Heft 2, 28—39 (1953).
[8] Hoffmann, H., Die leistungsbestimmenden biomechanischen Faktoren des Skisprunges. Diss. DHfK Leipzig 1965.
[9] König, H., Theorie des Skispringens, angewandt auf die Flugschanze in Oberstdorf. Uhrentechnische Forschung — Skiflug (Straumann-Festschrift), 235—253. Stuttgart 1952.
[10] Nagorny, W., Der Luftwiderstand und die Technik im Sprunglauf (Нагорный, В., Сопротивление воздуха и техника прыжков на лыжах). Teorija i praktika fisitscheskoj kultury **18**, 892—901 (1955).
[11] Peyerl, A. H., Skispringer und ihre Schanzen. Salzburg 1949.
[12] Schjelderup, Th., Alles über Skispringen (Alt om Skihopping). Oslo 1956.
[13] Straumann, R., Vom Ski-Weitsprung und seiner Mechanik. Jahrbuch des Schweiz. Ski-Verbandes **21**, 6—22 (1926); **22**, 34—64 (1927).
[14] Straumann, R., Vom Skisprung zum Skiflug. „Sport" Nr. 63, 7—8. Zürich 1955.
[15] Straumann, R., Die Olympiaschanze Cortina technisch gesehen. „Sport" Nr. 153, 8. Zürich 1955.
[16] Straumann, R., Der moderne Skisprung. „Sport" Nr. 125, 21—24. Zürich 1957.
[17] Weidauer, G., Windkanalmessungen an Skispringern. Theorie und Praxis des Leistungssports 1965, Heft 3, 100—116.

Bei Fragen zur Produktsicherheit wenden Sie sich bitte an:
If you have any questions regarding product safety,
please contact:

Walter de Gruyter GmbH
Genthiner Straße 13
10785 Berlin
productsafety@degruyterbrill.com